46

亿年的奇迹
地 球 简 史

日本朝日新闻出版 著

刘梅 李佳莹 杨梦琦 译

显生宙
新生代

3

人民文学出版社
PEOPLE'S LITERATURE PUBLISHING HOUSE

冯伟民先生是南京古生物博物馆的馆长，是国内顶尖的古生物学专家。此次出版"46亿年的奇迹：地球简史"丛书，特邀冯先生及其团队把关，严格审核书中的科学知识，并作此篇导读。

"46亿年的奇迹：地球简史"是一套以地球演变为背景，史诗般展现生命演化场景的丛书。该丛书由50个主题组成，编为13个分册，构成一个相对完整的知识体系。该丛书包罗万象，涉及地质学、古生物学、天文学、演化生物学、地理学等领域的各种知识，其内容之丰富、描述之细致、栏目之多样、图片之精美，在已出版的地球与生命史相关主题的图书中是颇为罕见的，具有里程碑式的意义。

"46亿年的奇迹：地球简史"丛书详细描述了太阳系的形成和地球诞生以来无机界与有机界、自然与生命的重大事件和诸多演化现象。内容涉及太阳形成、月球诞生、海洋与陆地的出现、磁场、大氧化事件、早期冰期、臭氧层、超级大陆、地球冻结与复活、礁形成、冈瓦纳古陆、巨神海消失、早期森林、冈瓦纳冰川、泛大陆形成、超级地幔柱和大洋缺氧等地球演变的重要事件，充分展示了地球历史中宏伟壮丽的环境演变场景，及其对生命演化的巨大推动作用。

除此之外，这套丛书更是浓墨重彩地叙述了生命的诞生、光合作用、与氧气相遇的生命、真核生物、生物多细胞、埃迪卡拉动物群、寒武纪大爆发、眼睛的形成、最早的捕食者奇虾、三叶虫、脊椎与脑的形成、奥陶纪生物多样化、鹦鹉螺类生物的繁荣、无颌类登场、奥陶纪末大灭绝、广翅鲎的繁荣、植物登上陆地、菊石登场、盾皮鱼的崛起、无颌类的繁荣、肉鳍类的诞生、鱼类迁入淡水、泥盆纪晚期生物大灭绝、四足动物的出现、动物登陆、羊膜动物的诞生、昆虫进化出翅膀与变态的模式、单孔类的诞生、鲨鱼的繁盛等生命演化事件。这还仅仅是丛书中截止到古生代的内容。由此可见全书知识内容之丰富和精彩。

每本书的栏目形式多样，以《地球史导航》为主线，辅以《地球博物志》《世界遗产长廊》《地球之谜》和《长知识！地球史问答》。在《地球史导航》中，还设置了一系列次级栏目：如《科学笔记》注释专业词汇；《近距直击》回答文中相关内容的关键疑问；《原理揭秘》图文并茂地揭示某一生物或事件的原理；《新闻聚焦》报道一些重大的但有待进一步确认的发现，如波兰科学家发现的四足动物脚印；《杰出人物》介绍著名科学家的相关贡献。《地球博物志》描述各种各样的化石遗痕；《世界遗产长廊》介绍一些世界各地的著名景点；《地球之谜》揭示地球上发生的一些未解之谜；《长知识！地球史问答》给出了关于生命问题的趣味解说。全书还设置了一位卡通形象的科学家引导阅读，同时插入大量精美的图片，来配合文字解说，帮助读者对文中内容有更好的理解与感悟。

　　因此，这是一套知识浩瀚的丛书，上至天文，下至地理，从太阳系形成一直叙述到当今地球，并沿着地质演变的时间线，形象生动地描述了不同演化历史阶段的各种生命现象，演绎了自然与生命相互影响、协同演化的恢宏历史，还揭示了生命史上一系列的大灭绝事件。

　　科学在不断发展，人类对地球的探索也不会止步，因此在本书中文版出版之际，一些最新的古生物科学发现，如我国的清江生物群和对古昆虫的一系列新发现，还未能列入到书中进行介绍。尽管这样，这套通俗而又全面的地球生命史丛书仍是现有同类书中的翘楚。本丛书图文并茂，对于青少年朋友来说是一套难得的地球生命知识的启蒙读物，可以很好地引导公众了解真实的地球演变与生命演化，同时对国内学界的专业人士也有相当的借鉴和参考作用。

冯伟民

2020 年 5 月

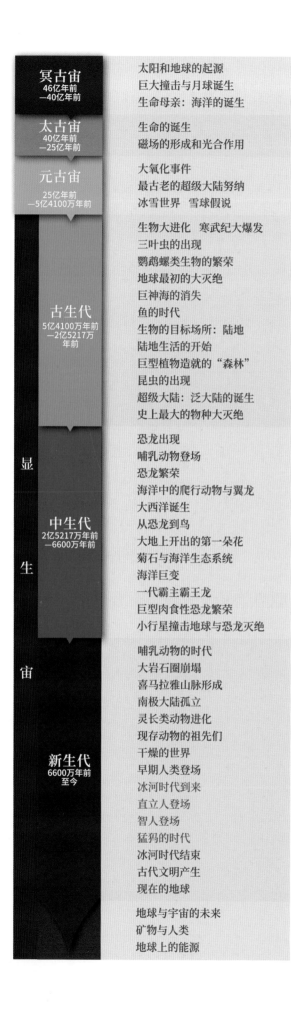

冥古宙
46亿年前
—40亿年前

太阳和地球的起源
巨大撞击与月球诞生
生命母亲：海洋的诞生

太古宙
40亿年前
—25亿年前

生命的诞生
磁场的形成和光合作用

元古宙
25亿年前
—5亿4100万年前

大氧化事件
最古老的超级大陆努纳
冰雪世界 雪球假说

古生代
5亿4100万年前
—2亿5217万
年前

生物大进化 寒武纪大爆发
三叶虫的出现
鹦鹉螺类生物的繁荣
地球最初的大灭绝
巨神海的消失
鱼的时代
生物的目标场所：陆地
陆地生活的开始
巨型植物造就的"森林"
昆虫的出现
超级大陆：泛大陆的诞生
史上最大的物种大灭绝

中生代
2亿5217万年前
—6600万年前

恐龙出现
哺乳动物登场
恐龙繁荣
海洋中的爬行动物与翼龙
大西洋诞生
从恐龙到鸟
大地上开出的第一朵花
菊石与海洋生态系统
海洋巨变
一代霸主霸王龙
巨型肉食性恐龙繁荣
小行星撞击地球与恐龙灭绝

新生代
6600万年前
至今

哺乳动物的时代
大岩石圈崩塌
喜马拉雅山脉形成
南极大陆孤立
灵长类动物进化
现存动物的祖先们
干燥的世界
早期人类登场
冰河时代到来
直立人登场
智人登场
猛犸的时代
冰河时代结束
古代文明产生
现在的地球

地球与宇宙的未来
矿物与人类
地球上的能源

显 生 宙

CONTENTS

目录

冰河时代到来

533 万年前—258 万年前

[新生代]

新生代是指从 6600 万年前开始持续至今的时代。在这一时期, 哺乳动物、鸟类以及被子植物等取代中生代的恐龙, 迎来了全盛时期。不久, 在它们之中, 一个新的角色隆重登场, 那就是我们——人类。

第 3 页　图片 / PPS

第 4 页　图片 / 美国国家航空航天局

第 6 页　插画 / 加藤爱一　描摹 / 斋藤志乃

第 9 页　插画 / 伊藤丙雄（原载于《新版灭绝哺乳动物图鉴》）

第 10 页　插画 / 伊藤丙雄（原载于《新版灭绝哺乳动物图鉴》）

　　　　图片 / 盖蒂图片社

　　　　图片 / PPS

　　　　图片 / 科尔维特图片社

第 11 页　插画 / 伊藤丙雄（原载于《新版灭绝哺乳动物图鉴》）

　　　　图片 / PPS

第 12 页　插画 / 伊藤丙雄（复原图）、冈本泰子（剪影）（原载于《新版灭绝哺乳动物图鉴》）

　　　　图片 / PPS

　　　　图表 / 三好南里

第 15 页　图片 / PPS

　　　　插画 / 伊藤丙雄（原载于《新版灭绝哺乳动物图鉴》）

第 16 页　插画 / 伊藤丙雄（原载于《新版灭绝哺乳动物图鉴》）

　　　　图片 / 日本国立科学博物馆“远古哺乳动物展”

第 17 页　图表 / 冈本泰子（原载于《新版灭绝哺乳动物图鉴》）

　　　　图片 / 比比等（2001）

第 19 页　图片 / 美国国家航空航天局戈达德航天飞行中心 / 日本宇宙航空研究开发机构

第 20 页　图片 / PPS

第 21 页　图片 / 军事系列 / 阿拉米图库

　　　　图表 / 三好南里

　　　　图片 / PPS

第 22 页　图表 / 斋藤志乃

　　　　图片 / PPS

第 23 页　图片 / 欧洲航天局 / 德国宇航中心 / 柏林自由大学（G. 诺伊库姆）

　　　　图片 / 美国国家航空航天局 / 喷气推进实验室 / 亚利桑那大学

　　　　图片 / 美国国家航空航天局 / 喷气推进实验室 / 太空科学研究所

第 24 页　图片 / PPS

　　　　图片 / 123RF

　　　　插画 / 盖蒂图片社

第 25 页　图片 / PPS

　　　　图片 / Aflo

第 26 页　图片 / 竹内望

第 27 页　图片 / 竹内望

第 28 页　图片 / 美国国家航空航天局

第 29 页　图片 / Aflo

第 30 页　图片 / PPS

第 31 页　图片 / PPS

第 32 页　图片 / 日本国立国会图书馆

　　　　图片 / PPS

			现在
新生代	第四纪	全新世	
			1.17
		更新世	
			258
	新近纪	上新世	
			533
		中新世	
			2303
	古近纪	渐新世	
			3390
		始新世	
			5600
		古新世	
			6600(万年前)

顾问寄语

岐阜大学教授　川上绅一

在漫长的岁月中,地球的形态缓慢变化,促进了生物的进化。

冰河时代,寒冷的冰期和温暖的间冰期反复出现,这与地球的公转轨道和地轴的倾角有关,

也说明地球是太阳系中的行星之一。

另外,板块运动改变了大陆和海洋的布局,进而影响到动物的地理分布和进化。

作为例子,让我们来看看南北美大陆之间动物的迁徙和长鼻目动物(大象)的进化过程吧。

连 接 世 界 的 陆 地 带

一片条带状的细长陆地，连接着北美和南美这两块巨大的大陆。大约 300 万年前，这片被称为巴拿马地峡的陆地，将南北美大陆连接在一起。在漫长的时间里，南美大陆一直处于与其他大陆隔海相望的状态，在南美大陆上实现独立进化的哺乳动物，可能会在巴拿马地峡的某处，与北美大陆上的哺乳动物首次碰面。两种不同动物群体的相遇，会产生什么样的戏剧效果？让我们来探索从南北美大陆连接事件之后开始发生的动物进化和气候变化吧。

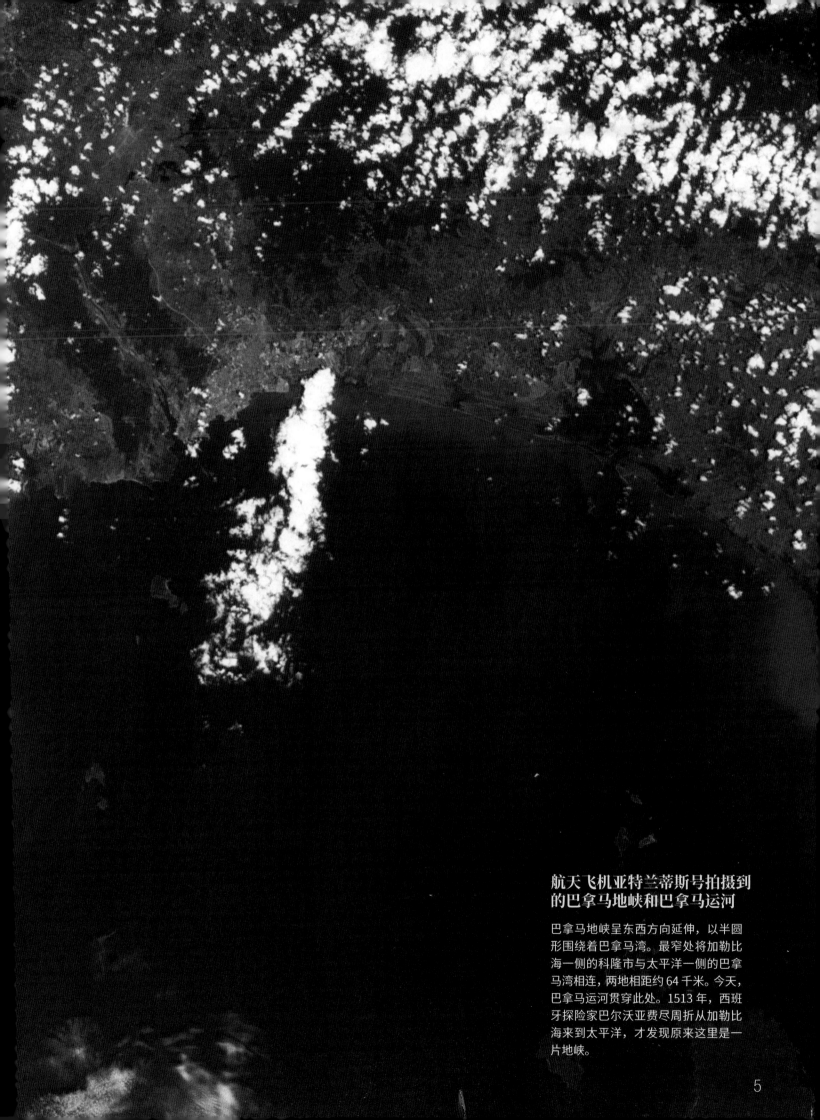

航天飞机亚特兰蒂斯号拍摄到的巴拿马地峡和巴拿马运河

巴拿马地峡呈东西方向延伸，以半圆形围绕着巴拿马湾。最窄处将加勒比海一侧的科隆市与太平洋一侧的巴拿马湾相连，两地相距约 64 千米。今天，巴拿马运河贯穿此处。1513 年，西班牙探险家巴尔沃亚费尽周折从加勒比海来到太平洋，才发现原来这里是一片地峡。

南美巨兽 与来自北美的捕食者

大地懒，一种陆生树懒，大约在160万年前生活在南美地区。这种长达6米，重约3吨的巨兽在无意中闯入一片混乱的树林之后迎来了命运的终结。突然之间，一只类似豹子的动物从岩石后面袭来。但与豹子不同的是，这种动物的上颚处长着匕首般的犬齿。那是一种来自北美大陆的肉食动物——斯剑虎，俗称"剑齿虎"。它的犬牙长达20多厘米，可以轻松穿透大地懒的皮毛，致使大地懒抵抗不久便失血过多而死。这一惨烈景象是由所谓的"地球的恶作剧"带来的。大约300万年前，板块运动连接了北美和南美大陆。北部的动物向南移动，南部的动物向北移动，从而产生了全新的相遇。而以上场面就是由此产生的新的生存竞争形式的一种。

斯剑虎　　　　　　大地懒

哺乳动物的 南北美洲大迁徙

南北美洲相连后，动物大迁徙开始了

长期以来，偏远的南美大陆一直是独立进化的哺乳动物的家园。上新世晚期，南北美大陆的相连改变了这种状态。

巴拿马地峡的形成 打开了动物间迁徙的长廊

根据板块构造论，地球上的大陆在漫长的时期里一直处于漂移、拼合或分离的状态。这对陆生动物恐龙和各种哺乳动物产生了很大的影响。原本在各个大陆上实现独立进化的物种，由于大陆的连接而扩大了分布，或者因为在与新到来的物种的生存竞争中处于劣势而惨遭灭绝。

大约300万年前，在新近纪的上新世晚期，形成了连接南北美大陆的巴拿马地峡。当时，北美洲已经与白令海附近的欧亚大陆相连，广泛分布着来自亚洲和欧洲的哺乳动物。

而另一侧的南美洲长期以来一直是一个孤立的岛屿大陆。那里是实现完全独立进化的哺乳动物的家园。

两块大陆上的动物为了寻求新的天地，经由巴拿马地峡来到另一方的土地上，第一次遇到从未见过的物种。随着南北美大陆的相连，动物的进化史又将翻开怎样的一页呢？

"世界上的另一个我"不就是这么一回事嘛！

斯剑虎与袋剑虎

图中左侧为从北美洲向南迁徙的斯剑虎（猫科），右侧为南美洲特有的物种袋剑虎（有袋类南美袋犬科）。它们极其相似的外形或许让彼此都感到吃惊。尽管两者都是独立进化的物种，但确实长得十分相像。这种不同类别的物种拥有相似外形的现象称为趋同进化。

※ 本图是根据斯剑虎在上新世晚期迁徙到南美洲的说法绘制的。也有说法认为斯剑虎是在袋剑虎已经灭绝的更新世时期迁徙到南美洲的。

现在我们知道！

南美洲的哺乳动物由3类组成

南美大陆[注1]的哺乳动物大致可以分为3类。

第一类是自白垩纪以来便栖息于南美洲的异关节类[注2]、白垩纪末出现的有袋类[注3]以及原始的北方真兽类[注4]。在白垩纪末（约7000万年前），南北美洲曾连接在一起，似乎后两者便是在这一时期，从北美洲进入了南美洲。

第二类是在渐新世早期的化石中突然出现的啮齿目豚鼠科动物，以及俗称南美猴的阔鼻猴类。这两者皆因其化石特征而被确认为源自非洲。但是，此时的非洲与南美洲之间相隔1500多千米，它们是如何横渡大西洋而来的仍是一个未解之谜。或许，它们是乘着被大洪水冲走的树木而来的吧。

后弓兽
| *Macrauchenia* sp. |

滑距骨目后弓兽科。生活在更新世。南美有蹄类由滑距骨目、南方有蹄目、闪兽目、异蹄目、焦兽目5目组成，并占据了南美洲草食类哺乳动物的主导地位。虽然从中新世到上新世时期，南美有蹄类逐渐衰退并走向灭绝，但后弓兽一直存活至更新世末期。

异关节类和有袋类等动物实现了独立进化

这些动物在南美洲的土地上实现了独立进化。在欧亚大陆和北美大陆，袋剑虎、南美袋犬等有袋类动物取代了猫科、犬科等肉食动物的地位。而草食动物的地位，则被从原始的北方真兽类进化而来的南美有蹄类动物取代。

此外，异关节类动物的繁荣也是南美大陆的一大特征，这里生活着全球独一无二的陆生树懒和犰狳等。

第三类是在上新世晚期，经巴

☐ 南美洲哺乳动物的趋同进化

尽管南美和其他大陆的哺乳动物处于不同的生态系统且独立进化，但它们之间仍存在外形相似的"趋同进化"。这是因为它们在各自的生态系统中占据着相同的生态位。

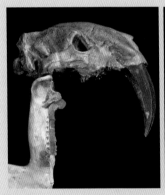
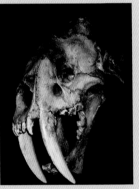

袋剑虎 | *Thylacosmilus* sp. |
斯剑虎 | *Smilodon* sp. |

图为袋剑虎（左）和斯剑虎（右）的头骨。属有袋类的袋剑虎长有特殊的尖锐犬齿。这些犬齿会在它们的一生中不断生长，并且下颌长有突出部位，以便保护犬齿。斯剑虎是食肉目猫科动物，长有极长的犬齿，因而也被称为"剑齿虎"。它们与袋剑虎的区别在于下颌处没有突出部位。

滑距骨兽 | *Thoatherium* sp. | 与马 | *Equus* |

滑距骨兽是中新世的南美有蹄类大弓齿兽科动物。与马一样，它们的第3趾（中趾）上长有蹄。它们比真正的马早一千几百万年进化成类似于马的形态，但并未出现马类具有的尺桡骨融合等特征。

美洲豪猪 | *Erethizon* | 和豪猪 | *Hystrix* |

两者皆为啮齿目动物，却进化得几乎完全不同，除了刺以外并无其他共同特征。美洲豪猪（右）属于豚鼠小目，分布从南美扩展至北美。豪猪（左）则分布在欧亚大陆和非洲。

⚪ 实现独立进化的异关节类

南美洲的土地上生活着众多特有的异关节类动物。这些动物可分为两个大目，即雕齿兽、犰狳等身披"铠甲"的有甲目和食蚁兽、树懒等不带"铠甲"的披毛目。

小骨板呈马赛克状分布

星尾兽
Doedicurus sp.

雕齿兽是由犰狳的祖先进化而来的，其特征是长有龟壳般的背甲。星尾兽（上新世晚期—更新世晚期）是最大的雕齿兽类动物，身长可达 4 米。

尾巴呈粗棍状，长有大量的刺

雕齿兽的化石
Glyptodon sp.

背甲由大致呈马赛克状分布的六角形小骨板组成。全长 2.5～3 米。

由于南北美大陆的孤立，两地的动物都实现了独立进化。

拿马地峡南下并完成进化的北方真兽类。南美土著马等马科动物、美洲豹和斯剑虎等猫科动物以及大羊驼和西猯等有蹄类动物皆在南美洲蓬勃发展。

南北美洲哺乳动物的相遇，造成了生态地位的竞争。比如南美有蹄类大弓齿兽科，因其进化方式与马科相近，又与从北美入侵的马科相互竞争，最终导致其在上新世末期灭绝。另外，属于有袋类肉食动物的南美袋犬，也被认为因其与鼬科、犬科动物相互竞争而灭绝。

一部分南美洲的动物向北美洲扩散

另一方面，也有一些物种照常生活在南美洲或扩大分布至北美洲，比如属于异关节类且身披"铠甲"的雕齿兽科、树懒属的大地懒科和磨齿兽科等动物。时至今日，有袋类的负鼠与异关节类的犰狳仍广泛分布于北美洲。

当两个动物群体相遇时，可能会使生态位变得更为复杂，但这并非一方完全淘汰另一方。哺乳动物的南北美洲大迁徙，不仅是其分布范围的扩大，对于考察两个动物群体相互接触时会产生何种现象来说，也是非常重要的一个案例。

科学笔记

【南美大陆】 第10页注1

侏罗纪末期（约1亿4500万年前），南美洲与现在的北美洲分开，并在约1亿2000万年前（关于年代众说纷纭）的白垩纪时期与非洲分裂。大约7000万年前，它曾与北美洲短暂相连，后一直与北美洲分离，直到约300万年前巴拿马地峡形成。

【异关节类】 第10页注2

包括现存的食蚁兽、树懒以及犰狳。因其脊柱的腰椎部位上长有其他哺乳动物所不具备的额外关节，故而被称为异关节类。其腰部附近的脊椎因此十分健壮。

【有袋类】 第10页注3

哺乳类动物，无胎盘。通过育儿袋养育早产的幼兽。白垩纪晚期出现于北美洲，后广泛分布于欧洲及非洲。另外，它们也曾从南美洲出发，经由南极洲，最终到达澳大利亚。

【北方真兽类】 第10页注4

除非洲兽总目、异关节总目以外的有胎盘类哺乳动物。可分为灵长目、啮齿目等灵长总目，以及食肉目、奇蹄目、鲸偶蹄目等劳亚兽总目。在白垩纪末期，其原始群体进入南美洲。

观点 ⟳ 碰撞

南方哺乳动物竞争力的北方哺乳动物？
南方哺乳动物"败"给了颇具竞争力的北方哺乳动物？

一直以来流传着这样一种理论："在强有力的北美哺乳动物侵入后，南美哺乳动物转瞬间就灭绝了。"但近年来，却有对此说法进行重新审视的倾向。因为通过对动物分布的详细研究发现，优劣并不是单方面的。此外，还必须考虑到的一点是，更新世末期人类的介入以及狩猎等行为也导致了部分动物的灭绝。若是没有人类的介入，陆生树懒等动物可能幸存至今。

即使在北美哺乳动物到来之后，陆生树懒依旧活跃。图为大地懒。

※1999年之后，分子系统学的研究确立了鲸豚类与河马类为近亲的说法，并将以前的鲸豚目和偶蹄目相结合，确立了鲸偶蹄目（鲸豚类与河马类被归类为鲸偶蹄目中的鲸河马亚目）。另外，除鲸豚类以外的鲸偶蹄目动物统称为"偶蹄类"。

负鼠 | *Didelphis* |

负鼠科。源自美洲大陆的有袋类动物。遍布南美洲各地，经由巴拿马地峡到达北美洲。

巨爪地懒 | *Megalonyx* |

巨爪地懒科。生活在中新世晚期至更新世晚期。头体长约 2.5 米。它们在巴拿马地峡形成之前的中新世晚期，便已通过某种方式远渡到佛罗里达州。广泛分布在北美洲，甚至在加拿大、阿拉斯加州等地也出现过它们的身影。

美洲豪猪 | *Erethizon* |

美洲豪猪科。属于豪猪小目，广泛分布在北美洲北部。

雕兽 | *Glyptotherium* |

与异关节类有甲目的雕齿兽是近亲。它们在上新世晚期到达北美，并完成进化。与雕齿兽一样，长有坚硬的背甲。

副磨齿兽 | *Paramylodon* |

上新世至更新世时期最为繁荣的磨齿兽科中的陆生树懒。与同属磨齿兽科的舌懒兽一同进入北美洲。

动物地理区

动物地理区是基于动物区系特征的一种地理划分。可分为6大区，即包含欧亚大陆北部大部分地区的古北界、北美大陆的新北界、以撒哈拉沙漠以南的南非大陆为主的埃塞俄比亚界、喜马拉雅山脉以南的东洋界、南美大陆的新热带界，以及以澳大利亚、新几内亚为主的澳新界。

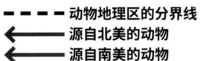

| 古北界 | 新北界 | 埃塞俄比亚界 | 东洋界 | 新热带界 | 澳新界 |

沙塔氏孪子兽 | *Nothrotheriops shastensis* |

大地懒科。生活在更新世。头体长约 1.6 米。在亚利桑那州和新墨西哥州的洞窟里，曾发现其骨骼、肌肉、体毛和粪便。可能最终存活至约 1 万年前。与大地懒相似的旱地地懒也迁徙至北美。

刺豚鼠 | *Dasyprocta* |

刺豚鼠科。生活在中美至南美的森林地带。

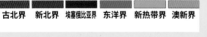

斜齿鼠 | *Plagiodontia* |

硬毛鼠科。生活在海地北部。

地球进行时！

负鼠早在白垩纪时期就已经存在！

　　现存的负鼠科，出现于白垩纪末期，是哺乳动物中寿命最长的一个科。陆栖或树栖，以草类、坚果、水果、昆虫及腐肉等为食。对生态环境及饮食的适应性强。另外，在 12 ～ 14 天的短孕期后，可产仔 20 只，这样的多产战略，被认为是其能存活至今的主要原因。

遭遇捕食者的时候就装死躲过一劫

大羊驼 | *Lama glama* |

骆驼科。目前仅生活于南美的安第斯地区。近亲物种为羊驼与小羊驼。

哺乳动物的南北美洲大迁徙

在南北美洲之间流动、扩张的哺乳动物

在大约 300 万年前的上新世晚期，巴拿马地峡形成，将南北美大陆连接起来。随后，在南美洲上完成独立进化的有袋类、异关节类等哺乳动物，以及源自欧亚、后迁徙至北美洲发生进化的北方真兽类，开始交叉涌向对方大陆。让我们来俯瞰贯穿南北的动物大迁徙的盛况吧。

犰狳 | *Dasypus*

犰狳科。是异关节类有甲目中唯一幸存至今的类群。杂食动物，万物皆可食。

北美水豚 | *Neochoerus*

与体重约 100 千克的巨大水豚为同类。现代水豚仅生活在南美洲，但北美水豚已扩大分布至北美南部地带。

加勒比地懒 | *Megalocnus*

与陆生树懒是同类，曾迁徙至西印度群岛。

蜘蛛猴 | *Atelidae*

渐新世早期出现于南美洲的阔鼻猴类，曾一度遍布西印度群岛，但最终仍走向灭绝。现存物种分布于墨西哥至阿根廷一带。

巨稻鼠 | *Megalomys*

曾生活于西印度群岛中的几个岛屿上，现已灭绝。

沟齿沙鼠 | *Reithrodon physodes*

鼠科。生活在智利、阿根廷、乌拉圭等温带地区的草原。

棉尾兔 | *Sylvilagus*

兔科。分布在加拿大至阿根廷的南北美洲地带。

南美土著马 | *Hippidion*

马科。生活在中新世晚期至更新世早期。遍布南美洲，外观与驴相似。

美洲豹 | *Panthera onca*

与猫科的豹是同类。分布在北美南部至南美地带。

貘 | *Tapirus*

貘科。美洲地区现仅存 3 种，分布在北美南部至南美地带。由于人类狩猎及栖息地的减少而濒临灭绝。

斯剑虎 | *Smilodon*

猫科。生活在上新世晚期至更新世末期。肩高约 1 米。是更新世时期南北美洲的代表性大型肉食动物。据说它们会袭击大型哺乳动物，用尖长犬齿咬倒对方。

剑乳齿象 | *Stegomastodon*

嵌齿象科。生活在上新世早期至更新世中期。其特征为上颚牙齿呈螺旋状弯曲。

大象的进化与扩张

大象迈向亚洲与美洲的雄壮步伐

在古新世时期，出现于非洲的（长鼻目）象科动物进化成多个种。让我们一起探索大象在进化过程中长出的长鼻子与尖牙的秘密吧。

大象的足迹遍布南北美大陆各地

现存象类仅剩 2 个种，1 个种生活在非洲，另 1 个种生活在亚洲。但是，据说曾经有约 180 个种的大象栖息于除南极、澳大利亚以外的大陆上。据了解，三重剑齿象（上新世）、曙光剑齿象（更新世早期）、诺氏古菱齿象（更新世中期至晚期）等物种也曾生活于日本。

象类被归类到 1 亿 300 万年前左右从原始真兽类中分离出来的非洲兽总目[注1]之中，属长鼻目。直接祖先尚不明确，不过，曾在摩洛哥的古近纪古新世晚期（大约 5800 万年前）地层中发掘出被视为最古老象类的始祖象化石。虽然化石只残留了下颚部位，导致复原其整体面貌十分困难，但仍被认定为兔子大小的小型哺乳动物。这与现代象类相差甚远。大象究竟经过怎样的进化过程，才进化为现今这般长有独特长鼻和尖牙、拥有庞大身躯的形态的呢？

象类源自非洲，后扩大分布至欧亚大陆和美洲大陆。让我们跟随大象的雄壮步伐，看一看它的进化历程吧。

曾经存在过拥有 4 颗尖牙的大象。

拥有 4 颗尖牙的庞大

人们认为大象的鼻子和牙齿是为了采食植物而发生进化的。图为美国自然历史博物馆展出的嵌齿象化石。

嵌齿象

| *Gomphotherium* sp. |

嵌齿象科。生活在中新世早期至上新世早期。肩高约 2.5～3 米。上下各长有两颗尖牙。它出现在中新世早期的非洲，并从欧亚大陆扩张到北美大陆。在日本也发现了这种象类的化石。

大象的进化与扩张

在于牙齿！

大象生存策略的秘密

☐ 拥有各种尖牙的象类

大象的切牙（相当于人类的门牙）十分发达，用来采集可食用的植物。经确认，原始的始祖象也早已具备尖牙状的切牙。

具有铲子功能的牙齿

铲齿象 | *Platybelodon* sp. |

美洲铲齿象亚科。生活在中新世早期至晚期。分布于非洲、欧亚大陆及北美洲。肩高约 2 米。其上颚的尖牙较小，下颚的牙齿扁平，呈板状。据说它们凭借下颚铲齿将沼泽地中的植物等挖出食用。

呈獠牙状生长的牙齿

始祖象 | *Moeritherium* sp. |

始祖象科。与始新世晚期至渐新世早期时生活于非洲的原始大象是同类。肩高约 60 厘米。其上下颚的第 2 门牙已开始呈獠牙状生长。它们可能是半水生动物，体形与倭河马相似。

向后下方弯曲的尖牙

恐象 | *Deinotherium* sp. |

恐象科。生活在中新世早期至更新世早期。肩高最大可达 4 米。分布于欧洲、亚洲和非洲。它们可利用向后下方弯曲的下颌牙，将树皮剥落食用。

上颌牙

向下方倾斜45度的下颌牙

剑棱象 | *Stegotetrabelodon* sp. |

象科。生活在中新世晚期至上新世早期。肩高约 2～2.5 米。是真象类最早的祖先，臼齿齿冠不高。长有笔直延伸的尖牙，通常以昂首的姿态行走。

源自非洲的象类，在曾是岛屿大陆的非洲内部逐渐进化，到了渐新世末期（约2300 万年前），非洲大陆与欧亚大陆相连时，嵌齿象科与乳齿象科便扩大分布至欧亚大陆，并且，其中有一部分后来还到达了南美洲。

在中新世与上新世的过渡期（533 万3000 年前）之后，象类中进化最为迅速的象科[注2]动物走出非洲，开始扩张。

象类在其进化过程中，体形逐渐变大。早期的象亚目动物，如渐新象等，体重在几百千克左右，但是，现代的雄性非洲草原象的体重为 5～7 吨，并且，已灭绝的猛犸象属中的一个种类，体重最大可达 11吨。而"牙齿"，便是它们体形大型化的关键。

不可思议的"水平更换"，令牙齿持久可用

为了维持庞大的身躯，大象需要进食大量食物。早期的象类，与其他哺乳动物一样，每侧颚部并排生长着 6 颗颊齿（也称臼齿、磨齿），但是，象类逐渐进化出特有的牙齿更替方式，即"臼齿的水平

☐ 臼齿的水平更换，决定了大象的进化

通常，象科动物的每块颚部中只有一颗臼齿，在更换牙齿时，新的臼齿会从后方生长出来。臼齿呈板状生长，且会从磨损的前侧牙齿开始脱落。这样的有效机制，使得大象即便是在牙齿更换期，也可正常咀嚼。图为诺氏古菱齿象右下颚骨的化石。

磨损变小的"齿板"被向前挤压，逐渐脱落。

旧臼齿

新生臼齿

1 第一大臼齿
后半部的齿板剩有7颗,越靠前(图中左侧)磨损得越厉害,牙冠高度越低。

2 第二大臼齿(更换用的牙齿)
齿板有9颗,其中前5颗已有磨损。第10、11颗可能已损坏,第12颗开始的齿板会新生。

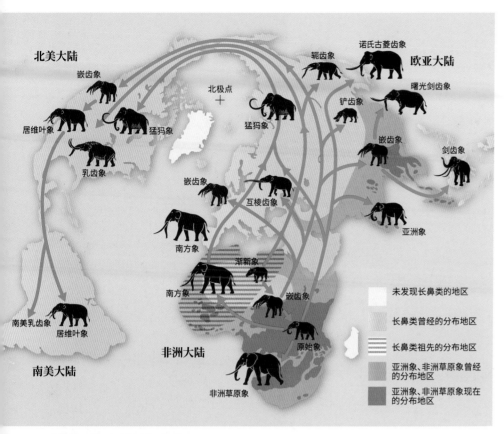

北美大陆

嵌齿象

诺氏古菱齿象

轭齿象

欧亚大陆

曙光剑齿象

居维叶象　猛犸象

北极点

铲齿象

剑齿象

猛犸象

乳齿象

嵌齿象

嵌齿象

互棱齿象

亚洲象

南方象

渐新象

南方象

嵌齿象

南美乳齿象

居维叶象

原始象

非洲大陆

南美大陆

非洲草原象

未发现长鼻类的地区

长鼻类曾经的分布地区

长鼻类祖先的分布地区

亚洲象、非洲草原象曾经的分布地区

亚洲象、非洲草原象现在的分布地区

为了维持庞大的身躯做了很多努力呢。

进化鼻部以支撑沉重的头部！

此外，虽然大象的尖牙最初是用于采集可食用的植物，但后来主要成为一种装饰。长有大尖牙和臼齿的头部，变得沉重而巨大。大象怎样才能一边支撑着沉重的头部一边饮水呢？即使伸长脖子，弯曲前肢，以跪姿饮水也十分困难。因此，为了使其头部尽可能靠近躯干以稳定地支撑头部重量，并且同时能够利用象鼻汲水、收集食物再送入口中，大象进化了它们的鼻子。

随后，拥有强健牙齿和独特长鼻的象类迁徙至以北半球大陆为主的地带，开始繁衍生息。

◻ 遍布各大洲的大象

大象在曾是岛屿的非洲大陆内部进化，但在渐新世末期，随着非洲大陆和欧亚大陆的连接，迅速扩张至欧洲、亚洲和北美洲。在上新世时期，当南北美大陆连接在一起时，它们甚至到达了南美洲。

更换"。原则上来说，上、下、左、右4个颚部各只有一颗臼齿。在大象的一生之中，每个颚部上总共可生长6颗臼齿。臼齿在颌骨中形成，并且从斜后方开始逐渐向前推进。臼齿在下巴的后方处开始咬合，并且在向下巴前方生长的过程中，不断磨损，最终脱落。在换牙的过程中，其前牙的后半部分与后牙的前半部分可充当一颗臼齿使用。

象科动物的牙冠高度会不断变高，以防磨损。如此一来，现代的大象凭借着包括更换牙齿在内的6颗臼齿，可持续进食约60年。

利用强健的牙齿，大象可进食大而坚硬的树木和果实等其他草食动物咬不动的植物。因此，强健的牙齿也使得它们在生存竞争方面颇具优势。

新闻聚焦

世界上最古老的大象足迹化石

2012年，在阿拉伯半岛发现了大约700万年前的大象足迹化石，被认为是世界上最古老的大象化石。据判断，这头大象应该是剑棱象，是13头大象组成的象群在迁徙时，脱离队伍的一头。现代的大象由成年雌性带领象群，而雄性则单独行动，只有在交配时才加入群体。由此推测，这头脱离象群的大象应该为雄象。足迹化石也是一种了解古代大象的社会结构的线索。

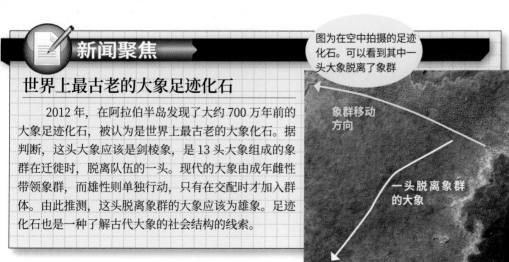

图为在空中拍摄的足迹化石。可以看到其中一头大象脱离了象群

象群移动方向

一头脱离象群的大象

冰河时代到来

冰河时代仍在持续中。

寒冷化加剧，全球进入冰河时代

地球的温度一直处于缓慢下降中，但从260万年前开始，寒冷化极速加剧。然而，这一温度下降机制仍被许多谜团笼罩。

进入30%地表变成冰盖的冰河时代

从白垩纪到古近纪始新世，地球一直处于温暖时期。在南极大陆和北极圈附近，水杉等温带植物生长茂盛。然而，地球的气温在5600万年前的古新世和始新世交界期达到顶峰后，开始向寒冷化发展。虽然中间也有过短暂的温暖化时期，但总体上趋于寒冷化。大约3400万年前，南极大陆开始形成冰盖。

然而，在大约260万年前的新近纪上新世，地球温度进一步下降。这是真正的冰河时代的到来。在大约2万年前的末次冰期的高峰期，地球表面大约30%的面积被冰盖覆盖。

即使在今天，我们仍可以看到冬季被冰封住的北冰洋、格陵兰冰盖和南极冰盖、阿尔卑斯山等高山上残留的冰川，以及峡湾等冰川所形成的地貌。

自从19世纪确认了冰河时代的存在以来，世界各地的科学家一直在努力探求冰河时代的形成机制，不过至今仍存在争议。让我们一起来探索冰河时代到来的奥秘吧。

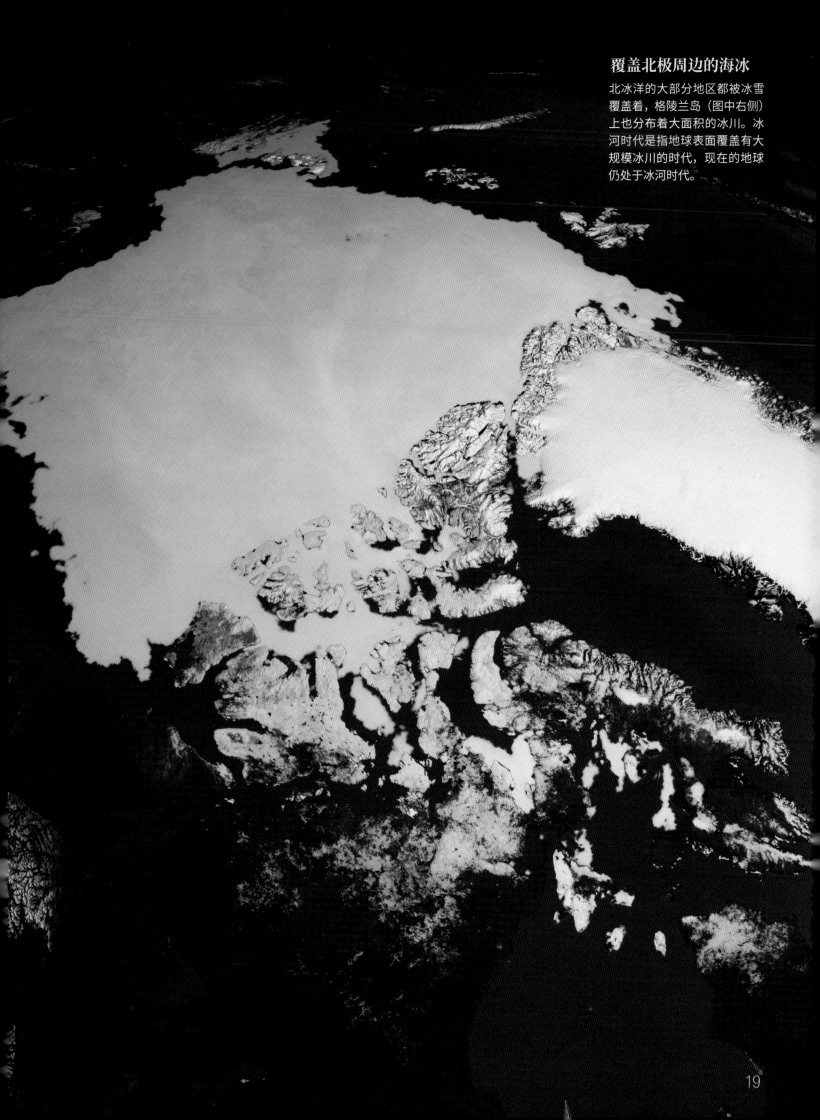

覆盖北极周边的海冰

北冰洋的大部分地区都被冰雪覆盖着，格陵兰岛（图中右侧）上也分布着大面积的冰川。冰河时代是指地球表面覆盖有大规模冰川的时代，现在的地球仍处于冰河时代。

现在
我们知道!

自上新世末期以来，地球寒冷化加剧

由于板块运动，出现了大陆的分裂和碰撞、山脉的形成以及海床的扩张和封闭等，使得气候系统框架在数百万至数千万年的时间内逐渐发生变化。大陆和海洋的位置与大小变化，对试图将热量从炎热地带输送到寒冷地带的地球气候系统产生了重大影响。

南极环流的形成加速气候变化

其中一个原因是南极环流的形成。由于与澳大利亚大陆和南美大陆相连的南极大陆的分离，以及极地地区的孤立，在南极大陆周围形成了一种名为南极绕极流的寒流。这使得从赤道附近流出的暖流无法到达南极，南极进入寒冷化。大约3000万年前，南极被冰封住。

其次，印度次大陆与亚洲大陆之间的碰撞导致喜马拉雅山脉的隆起和青藏高原的形成，催生了亚洲的季风气候，导致周边地区的气候发生变化。

另外，由于澳大利亚和巴布亚新几内亚北移，北半球的冷海水流入南半球，同时，巴拿马地峡的形成又使得暖流北上，给极地地区提供了大量的水蒸气。这也是影响全球气候变化的一大因素。

冰河时代的模拟图

冰河时代[注1]的地球在冰期和间冰期之间不断反复。大约2万年前，即上一个冰期的高峰期，厚度为3000～4000米的冰盖和冰川覆盖了北欧、北美和南美南部。

喜马拉雅山脉的隆起带走了二氧化碳

除了风和洋流的方向，在漫长的地球史上，还有一种叫作"化学风化"的方式也影响了地球的气候变化。

比如，喜马拉雅山脉这样的高山上升，导致空气撞上山脉形成大量降雨。山脉遭到雨水侵蚀，暴露的岩石受到风化作用的影响。由于风化作用，岩石中的钙质溶解，并被运送到海洋中。

在海洋中，大气中的二氧化碳溶于水后生成碳酸根离子，与钙离子一起被珊瑚虫吸收形成碳酸钙，成为其骨骼。

这一系列的反应会消耗大气中的二氧化碳，使得地球进入寒冷化。

这些变化都发生于始新世晚期至上新世时期。

地球公转轨道与冰盖大小变化有何关系？

不过，除了上述因素以外，还有另一个因素，那就是地球公转轨道的变化。地球的公转轨道

一度被视为大洪水留下的痕迹

"漂砾"是以不同于周围地质的非自然形态遗留下来的巨石。1837年，地质学家路易斯·阿加西提出了一种说法，引发了争议。他认为这块漂砾是在冰河时代被冰盖携带而来的。因为当时在欧洲，人们相信这块漂砾是由《圣经》中记载的大洪水带来的。最终，随着地质证据的发现，漂砾是冰河时代产物的说法开始被人们接受。

英国约克郡谷地的"漂砾"

冰核研究

保存在零下 36 摄氏度的储存库中的从格陵兰冰盖中挖出的岩心（样本）。通过分析冰中气泡所含的空气，可以探明冰河时代的气候和二氧化碳浓度等大气成分。

据说冰河时代是由多种因素造成的。

○ 氧同位素比记录反映海水温度变化

图为通过残留在深海底部的有孔虫微化石的氧同位素比记录反映出的过去7000万年来的海水变化。在始新世和渐新世交替时期，温度急剧下降，之后经过温暖期，在中新世晚期，温度又开始下降。

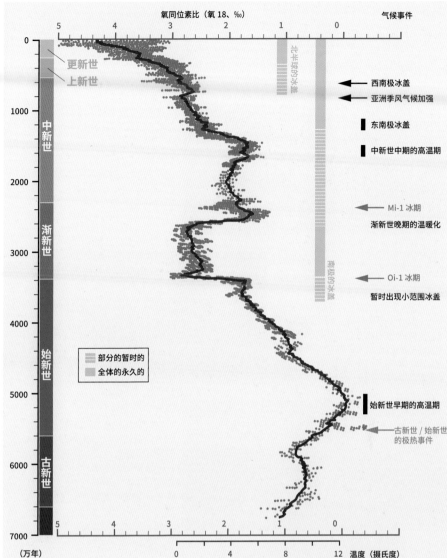

是随着太阳、月球和行星的引力变化而变化的。另外，地球自转轴（地轴）的倾角在漫长的时期里也处于变动之中。而且，自转轴在缓慢地进行着岁差运动（详见第 22 页图解）。由于这些影响，地球各地接收到的太阳能量（日射量）会发生变化。地球的气候对于日射量的变化会有不同的反应。在 19 世纪，人们认为气候变化可能是由于这些天文因素导致的。

1910 年后，塞尔维亚地球物理学家米兰科维奇对地球公转轨道的离心率、转轴倾角和岁差运动这三个要素进行了天文学计算，并且推导出这三大要素的周期性变化是如何导致日射量发生变化的。他认为，

北纬 65 度的夏季日射量的变化对冰期和间冰期的反复出现产生了重大影响。根据这一论断，在夏季日射量减少的时期，气候变得寒冷，即使是夏天，冰也无法融化，冰盖不断扩大。

与氧同位素比测定结果一致的米兰科维奇旋回

由于根据米兰科维奇理论推测的冰河时期与用 20 世纪 50 年代成为主流的放射性碳（C14）年代测定法[注2]检测出来的地质学年代有出入，他的理论一开始并未受到世人认可。但是，在确立了使用氧同位素比研究古气候的方法，并对过去几十万

科技发现

从有孔虫外壳得知的远古海水温度

氧气中含有质量较轻的氧16和较重的氧18同位素。在水从海洋蒸发，通过大气循环输送到极地地区的过程中，由于较重的氧18会先形成降雨，所以极地冰中质量较轻的氧16含量相对较高。因此，寒冷期的海水中氧18所占的比例变高。另一方面，在温暖期，由于冰盖融化，海水中的氧16增加，使得氧18的比例降低。我们可以从沉积在深海底部的浮游有孔虫的外壳中测量出这些变化。

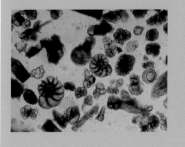

图为有孔虫化石。这些石灰质壳的形成反映了海水中的同位素比（氧16与氧18的比例），以此为指标，可以估算出海水温度

冰河时代到来

何为米兰科维奇旋回?

米兰科维奇认为,地球表面所受的太阳能量(日射量)的分布,由三个要素决定,即地球公转轨道的离心率、转轴倾角以及岁差运动。随着三个周期的重叠,冰盖的数量会有所增减。

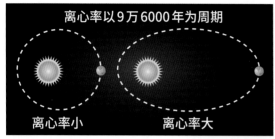

离心率以 9 万 6000 年为周期

离心率小　　　　离心率大

①地球公转轨道的离心率

由于太阳、月球和行星的引力影响,地球的公转轨道以 9 万 6000 年为周期,不断重复着由近圆形变为椭圆形,再回到圆形的运动。

地球的一点轻微运动都能导致日射量发生变化!

②转轴倾角

自转轴与轨道平面的交角以 4 万 1000 年为周期,在 21.5 度到 24.5 度的范围之间变化。自转轴倾向太阳一侧的半球,气温上升,季节为夏季。与之相对,另一边半球的太阳高度低,季节为冬季。转轴倾角的角度越大,夏冬之间的差距越大。根据米兰科维奇的理论,当北半球的夏季变得寒冷时,较容易形成冰盖。

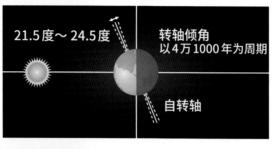

21.5 度～24.5 度

转轴倾角以 4 万 1000 年为周期

自转轴

这三个周期会在不同程度上影响气候系统。若三者皆朝寒冷化的方向重叠,冰盖面积就会增大。

③岁差运动

指旋转物体的旋转轴不断摇摆的运动,地球的自转轴也在旋转的同时,像画圆一般摇摆着。另外,岁差也影响着地球的公转运动,其在近日点(最靠近太阳的位置)会发生变化。这两者相结合,产生了 2 万 3000 年与 1 万 9000 年两个周期。

自转轴的岁差(摆动)

气候岁差以 2 万 3000 年为周期以 1 万 9000 年为周期

自转轴 23.4°

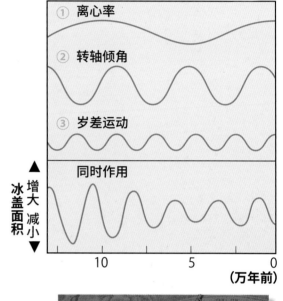

① 离心率
② 转轴倾角
③ 岁差运动
同时作用

增大 减小 冰盖面积

10　　　5　　　0
(万年前)

年来海水温度的变化进行调查后,检测到的周期变动正好与他的理论相一致,这个结果在当时迅速受到关注。他提出的周期性理论,现在被称为米兰科维奇旋回。

如果米兰科维奇计算出的三个周期都朝寒冷化方向上重叠,那么夏季日射量将在北纬 60 度附近减少约 20%,这将成为冰盖扩大的导火索。

不过,并非所有的变动都可以用地球轨道要素的变化来解释。实际上,科学家已经确认存在更长周期和更短周期的变动。另外,也有必要考虑在很长一段时间内缓慢进行的变动,例如板块运动。实际上,人们认为是这些要素共同导致了气候变化。距离米兰科维奇于 1920 年的著作中提出自己的主张,已经过去了 90 多年。关于气候变化之谜的研究工作仍未结束。

科学笔记

【冰河时代】 第20页 注1
指地球上冰盖(大陆冰川)发达的时期。经确认,在过去的80万年里,至少出现了9次冰期和冰期后快速变暖的时期(间冰期)。现在的地球正处于间冰期。

【放射性碳(C14)年代测定法】
第21页 注2
美国化学家威拉得·利比在20世纪40年代后期发明的测定法。在大气中由宇宙射线产生的放射性碳(C14)被动植物吸入体内,在动物死后或植物枯萎之后,以5730年的半衰期减少。利用这一原理便可推测动植物的生存年代。推断的极限大约为4万年前。

杰出人物

阐明冰河时代的周期性

米兰科维奇在没有计算机的时代花费了 20 多年的时间,旨在开发一种数学理论,在地球公转轨道运动中寻找冰河时代的成因,最终提出了相关的理论。他的理论得到了德国气象学家柯本和倡导大陆漂移学说的魏格纳的赞同。但在他去世近 20 年后,科学家才通过氧同位素比的测量检测出与其理论相符的周期性气候变化。

地球物理学家
米卢廷·米兰科维奇
(1879—1958)

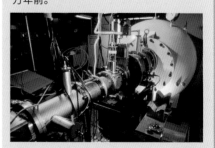

图为用于放射性碳(C14)年代测定法的线性粒子加速器

米兰科维奇旋回与行星科学

行星探测中发现的地层条纹图案

为何冰期与间冰期会反复出现呢？挑战这一谜题的塞尔维亚地球物理学家米卢廷·米兰科维奇，以天文学的方式探究出其中的原因。自米兰科维奇开始研究以来，至今已过去了一个世纪，如今，行星科学家们已掌握了证据，证明火星上也存在过米兰科维奇旋回。

全称为火星勘测轨道飞行器的火星探测器，在2008年捕捉到了暴露于火星表面的地层。在火星上一个被称为阿拉伯台地的地区中，撞击坑内部有丘陵地带，且其斜面上具有类似于台阶状的地形，因此我们可以观察到地层的重叠。地层的条纹图案十分美丽，看上去如同树木的年轮一般。美国的行星科学家们对该地层的条纹图案进行了测量。结果显示，一层的厚度为3米左右，这种条纹共聚集了10层，形成了大规模的条纹图案。

众所周知，在地质时代形成的地球

火星上发现的形成美丽条纹的地层

在丹尼尔森撞击坑中发现的地层。丹尼尔森撞击坑，位于火星北半球一处被命名为阿拉伯台地的地区。这些条纹图案记录着火星的气候变化。

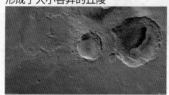

右侧为丹尼尔森撞击坑，撞击坑内部形成了大小各异的丘陵

地层中，也存在这种具有层次性的条纹图案。在地球的地层中，细小条纹图案与大规模条纹图案之间的周期比为5:1，当5层细小条纹图案聚集在一起时，便可形成大规模条纹图案。这种比率被认为与在米兰科维奇旋回中所观测到的周期比相对应。为了验证这一点，我们需要比较的是时间轴上的变动模式，而非周期。如果模式匹配，便可以从地层上的条纹图案中读取时间刻度，这样一来，地质学家便拥有了一台高准确度的时钟。

火星上的米兰科维奇旋回

火星轨道要素变动的相关理论研究表明，天文原因引起的气候变化，以约12万年为周期，并且，还有120万年、240万年等周期，这使得12万年的变化幅度产生了波动。也就是说，火星上的米兰科维奇旋回的周期比为10:1。值得注意的是，这与阿拉伯台地的条纹图案的周期比一致。这是火星上存在米兰科维奇旋回的有力证据，若果真如此，那么阿拉伯台地的地层已记录了长达1200万年的火星气候变化。

米兰科维奇提出的行星表面气候变化成因论的框架，已应用到对火星、土卫六和海卫一的气候变化的研究之中。火星地层条纹图案的发现，可以说象征着米兰科维奇旋回研究有了新的进展。

土卫六极地的"甲烷湖"

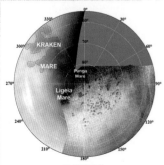

北极区域

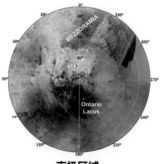

南极区域

土星的卫星土卫六上形成了"甲烷湖"，但北极区域分布较多，南极区域分布较少。其主要原因是，与米兰科维奇旋回相对应的波动，强烈控制着甲烷的循环活动。这是空间探测器卡西尼—惠更斯号的雷达监测图。红色部分为湖泊，北极区域（左图）多，南极区域（右图）少。

川上绅一，1956年出生于日本长野县。毕业于名古屋大学理学部，名古屋大学研究生院地球科学专业博士课程结业，后获得理学博士学位。提出"条纹学"，将地层中的条纹视作记录过去环境变化的"磁带"，据此解读地球的历史。

随手词典

【冰川】

冰川分为山地形成的山岳冰川和覆盖着广阔大陆的大陆冰川（冰盖）。虽然现存的大陆冰川只剩下南极冰盖和格陵兰冰盖，但是，在高山等气候寒冷的地方，仍然存在许多山岳冰川，即便是低纬度地区也是如此。

【寒冷化】

地球在2万年前迎来了最为寒冷的冰川期。从太平洋海岸至大西洋海岸的北美地带，几乎完全被冰盖覆盖，英国北部至斯堪的纳维亚半岛、乌拉尔山脉一带的冰盖也已形成，全球海平面下降了110～120米。在日本列岛，东京湾以及濑户内海成为陆地。据说，当时日本近海的海水温度比现在的海水温度低15摄氏度左右。

U形山谷

与因普通的河流侵蚀而形成的 V 形山谷不同，冰川的侵蚀形成了独具特色的 U 形山谷。峡湾是由于海水倒灌 U 形山谷而形成的。

挪威的盖朗厄尔峡湾，距离海岸线达 60 千米

冰隙

冰川表面形成的深沟。当冰川经过陡峭或凹凸不平的地形时形成。

新西兰的福克斯冰川上的冰隙

冰川搬运而来的岩石

岩石被搬运至冰川的前端，形成冰碛。在搬运途中，当冰川因气候变暖而后退时，留下的石块成为"漂砾"。

冰碛

被冰川侵蚀的岩石，随着冰川的流动，被搬运至冰川的前端及侧面，并呈带状堆积成为冰川堆石。

冰蚀地貌的形成

冰川的流动方向

冰斗

冰川在发育的过程中侵蚀山地地表所形成的地貌，也称为圈谷。形成的山谷犹如被勺子挖出来一般，独具特色。

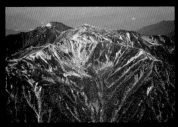

图为木曾山脉（通称中央阿尔卑斯）的千叠敷冰斗。其规模虽小，但是让日本也拥有了冰川地貌

原理揭秘

冰川的形成与侵蚀作用

悬谷

在 U 形山谷中，主流与支流的汇合处形成高度差，大多伴有悬谷瀑布，也称悬垂谷。

角峰

冰川消融后形成的地貌

角峰

"尖角"之意。山顶为尖锐的岩峰，由于多数冰斗的扩大与后退，使山坡受到各个方向而来的侵蚀，从而形成角峰。

瑞士的马特峰也是由冰川形成的

冰川湖

被刨蚀的泥沙作为冰碛堆积起来，并拦截河流形成湖泊（冰川湖）。北美洲的五大湖，也是由于冰碛阻断了巨大的冰川地貌而形成的。

航天飞机所拍摄的五大湖。这也是曾经覆盖北美洲的巨大冰川所留下的痕迹

冰川是由于地球寒冷化而形成的。冰川被定义为"由雪堆积形成的流动冰块"。若是两极地带或高山地带的积雪未完全融化形成残雪，那么，翌年的雪便会在上方堆积。如此一来，当积雪堆积得越来越厚时，积雪的重力使得下方的积雪逐渐变为冰块。不久，冰块便会缓慢地向下游方向流动。冰块流动也带来了剧烈的岩石侵蚀作用。与此同时，岩石碎片被卷入冰块之中，运往下游，从而形成独特的冰川地貌。

近距直击

远东冰川的最南端在富山县

过去日本并没有冰川，但是借助 GPS（全球定位系统）进行调查后，在剑岳的三之窗雪溪、小窗雪溪、立山的御前泽雪溪等地，发现了冰体的流动现象。并且，在 2012 年确认了这些冰体为日本最早的冰川。由此，远东冰川的最南端便由堪察加半岛变为日本富山县的立山连峰。这可以说是位于世界上最温暖地区的冰川。

剑岳的三之窗雪溪

地球博物志

冰雪生物

| Glacial Organisms |

生活在冰川上的生物

一直以来，大家都认为在冰川或雪溪这样封闭的冰雪世界里不会有生物存活。但是，近年来，随着对冰雪世界研究的深入，人们发现原来有一些奇特的物种专门生活在那样的极端环境中。下面，我们就来看看这些神秘的生物到底是什么吧。

观察到冰雪生物的主要地区

冰雪中的藻类和细菌会在冰雪表面繁殖，成为在积雪和冰川上生活的昆虫等动物的食物。尽管许多生物无法在寒冷的环境中生活，但适应了这一环境的生物却形成了自己的生态系统。

目前，在喜马拉雅山脉、日本的立山、美国的阿拉斯加雪山和南美洲的巴塔哥尼亚地区等地都发现了冰雪生物的身影。

【弹尾虫】

| Collembola |

弹尾虫通常生活在森林地带的土壤中，在分解森林生态系统中的有机物方面起到重要作用，在雪地上也较为常见。生活在雪地上的弹尾虫被称为雪蚤。雪蚤在阿拉斯加州、巴塔哥尼亚地区和喜马拉雅山脉等世界各地的冰川，以及日本地区的积雪上都有发现。

在喜马拉雅的冰川上发现的弹尾虫

数据	
分类	弹尾目
分布	世界各地的冰川
大小	全长约数毫米

【冰川猛水蚤】

| Glaciella yalensis |

生活在喜马拉雅山脉冰川中的猛水蚤目动物。体内含有橙色色素。白天它们藏在冰缝中，但是到了晚上，它们会爬上冰川表面吃微生物。这是因为白天冰川融化的水量很大，为了不被冲离冰川，它们选择在水量较小的夜间活动。

冰川猛水蚤和冰川摇蚊的发现表明，冰川的生态系统中也存在食物链

数据	
分类	猛水蚤目
分布	喜马拉雅山脉的冰川
大小	全长约1毫米

【冰川摇蚊】

| Diamesa kohshimai |

生活在喜马拉雅山脉冰川上的昆虫。在冰川上度过一生。与普通的摇蚊不同，冰川摇蚊的成虫翅膀退化，只能步行移动。从春季到夏季，可以在冰川上的水坑里看到许多幼虫（孑孓）。秋天，雌性成虫会向上游行走，以便在冰川上游产卵。

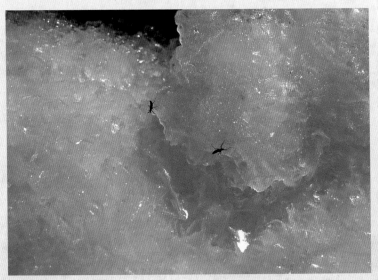

（上图）耐低温，即使在零下16摄氏度的环境中仍可活动

（左图）尼泊尔境内的喜马拉雅山脉的冰川是首次发现冰川摇蚊的地方

数据	
分类	摇蚊科
分布	喜马拉雅山脉的冰川
大小	全长约3毫米

地球进行时！

"西瓜雪"的真实身份是雪藻

古希腊的亚里士多德曾记录过雪会变红的现象。19世纪，北极探险家约翰·罗斯收集到西瓜雪，并对其进行分析，结果发现原来是一种藻类。在同一时期，博物学家达尔文也发现，南美安第斯山脉上的西瓜雪其实是藻类。西瓜雪其实是类胡萝卜色素大量存在于雪藻细胞内形成的。据说，使胡萝卜变红的也是一种类胡萝卜素，它具有保护DNA免受紫外线侵害的作用。西瓜雪是雪藻对抗紫外线的一种形式。

阿拉斯加冰川上的"西瓜雪"

【冰虫】

| Mesenchytraeus solifugus |

生活在冰雪中的蚯蚓。分布在阿拉斯加和落基山脉等北美洲的冰川和雪溪中。它们白天潜在冰雪下近1米处，但到了晚上就会出现在冰川表面，以雪藻为食。在许多地方，栖息数量可以达到每平方米500只。

美国阿拉斯加州哈丁冰原中的冰虫

数据	
分类	线蚓科
分布	北美洲的冰川
大小	全长大约1～2厘米

【雪藻】

| Snow algae |

在冰雪上繁殖的特殊藻类。正常藻类繁殖的温度为20～30摄氏度，但雪藻在0摄氏度左右也可以繁殖。虽然目前尚不清楚这些藻类从何而来，但有一种说法认为，有可能是在大气中飞舞的孢子落在雪地上，并随着冰雪融化开始繁衍生息。

被雪藻产生的有机物覆盖的天山山脉的冰川。也有人指出，雪色的变化增加了对太阳光的吸收，并加速了冰川的融化

显微镜下的雪藻照片。在包括日本在内的世界各地，即使是融雪期也能看到雪藻

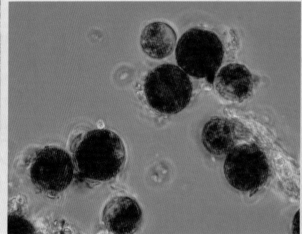

数据	
分类	绿藻纲蓝藻目
分布	世界各地的雪溪和冰川
大小	几十微米

近距直击

冰川上也有绿洲

冰川有时会形成直径和深度为几厘米至几十厘米的圆柱状水坑，这就是所谓的冰尘穴。它是由黑泥般的冰尘（微生物聚集体）吸收太阳辐射并融化底部的冰形成的。在喜马拉雅山脉的冰川上，这样的冰尘穴里生活着冰川猛水蚤和冰川摇蚊的幼虫。对于这些生物来说，水量稳定并且富含营养的冰尘穴大概就如同绿洲一般。

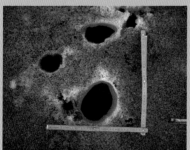

在喜马拉雅山脉的冰川上形成的冰尘穴

【石蝇】

| Plecoptera |

常见于溪流中，在冰川和积雪中也能存活。在日本，也有在雪地上行走的雪溪石蝇。还有一些生活在北阿尔卑斯山等高山的残雪上。在南美的巴塔哥尼亚地区，它们生活在冰川上的水坑中。

在巴塔哥尼亚的冰川上爬行的石蝇。它们生活在冰川上的水坑中

数据	
分类	襀翅目
分布	发现于冰川上的石蝇集中在南美洲巴塔哥尼亚地区的冰川
大小	全长1～2厘米

波光粼粼的蓝色"活冰川"
冰川国家公园

位于阿根廷圣克鲁斯省，1981年被列入《世界遗产名录》。

阿根廷南端的巴塔哥尼亚地区，拥有世界第三大的冰川面积，仅次于南极大陆和格林兰岛。冰川国家公园内共有47条发源于该地区的冰川。近年来，世界上许多冰川已经消退，但是自上一个冰期（大约1万年前结束）以来，该地区的佩里托莫雷诺冰川一直处于活动之中，被称为"活冰川"。

包括冰川国家公园在内的巴塔哥尼亚地区俯瞰图与佩里托莫雷诺冰川

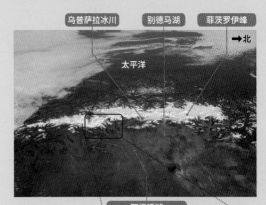

乌普萨拉冰川　别德马湖　菲茨罗伊峰
→北
太平洋
阿根廷湖
佩里托莫雷诺冰川

在巴塔哥尼亚地区，被列入《世界遗产名录》的冰川国家公园的面积约为东京的3倍。佩里托莫雷诺冰川（可以说是公园的门面）、比琵琶湖稍大的乌普萨拉冰川等冰川群、被冰川侵蚀而成的菲茨罗伊峰（海拔3375米）等险峻的群峰，以及不断扩大的冰川湖和草原地带，共同构建出丰富的生态系统。

流入阿根廷湖的佩里托莫雷诺冰川的舌端

佩里托莫雷诺冰川的舌端高约 60 米，宽约 5000 米。冰川以每年约 700 米的速度流入阿根廷境内最大的湖泊阿根廷湖。在那里，我们可以看到冰川舌端崩塌的瞬间。由于该区域附近的冰川几乎没有气泡，因此它们仅反射蓝光并吸收其他波长的光。这使得冰川看起来呈蓝色。

地球之谜

寻水术

能否捕捉地下水及矿脉的「波动」呢?

数百年来,寻水术一直利用极其简单的道具来探知水脉及矿脉。它曾被宗教裁判所认定为『魔鬼撒旦』,但仍被传承至今。寻水术到底是超自然现象,还是特殊技术呢?

图为 16 世纪瑞士巴塞尔的木刻版画。画中人们正手持 Y 字形寻龙尺勘测矿脉。据说,在矿山工作的德国人移居英国后,寻水术开始在全球广为传播

在探索超自然现象领域也十分出名的全球最畅销作家——科林·威尔逊,也曾体验过一次寻水术。

这个事件发生在英国康沃尔郡的石圈遗迹处。当时,威尔逊用手牢牢抓住寻水术所使用的道具——"寻龙尺"的分岔两端,并走向伫立的石群。

据说,那时威尔逊手中的寻龙尺突然跳动起来。然后,当他离开石群时,寻龙尺便恢复了原状。威尔逊本人并没有任何感觉,也不记得有使力。寻龙尺就像是有了自我意识一般地动了起来,仿佛在说着:石圈那伫立着的石头具有特殊的能量……

神秘技术有时也可用于探测地雷

寻水术有着悠久的历史。它在 15 世纪的欧洲就已为人熟知,并且被广泛运用。据说,将柳枝或桃枝等树枝当作寻龙尺,拿在手里行走时,若其一端接触到地面,手里的寻龙尺便会出现某种反应。

科林·威尔逊(1931—2013),英国作家。1956 年发表《另类人》一书后成为畅销作家,在宗教、犯罪心理和超自然现象等领域颇有造诣

但是,由于那只是一种神秘技术,所以也曾遭到排斥。在 16 世纪,知名的宗教改革者马丁·路德便说过:"寻水术是撒旦的邪术。"另外,17 世纪时,天主教会也宣称:"寻龙尺是受撒旦驱使的。"因此,许多人都受到了宗教审判。总之,寻水术也有过"猎杀女巫"的历史。

即使身处逆境,该技术也并未断绝。原因不单是该技术本身的实用性,可能还因为它确实拥有某些引人入迷的独特之处吧。

18 世纪,出现了一些专门从事寻水术的人。他们探测出了大量的水脉及矿脉,被称为寻水者。

20 世纪,寻水者的代表人物是美国的班·卡梅隆。他因利用寻水术找到挖掘井口的正确位置,使得加利福尼亚州长期干涸的埃尔西诺湖重新流动而闻名。

过去使用的是 Y 字形的树枝，但不久，为了正确捕捉到细微的反应，L 形的寻龙尺开始普及。诀窍是将手肘放于腰间，轻轻地握住寻龙尺。当找到失物时，寻龙尺便会做出反应

图为位于英国西南部的康沃尔郡的石圈。虽然是公元前的遗迹，但是人们仍然相信这些石块里蕴含着疗愈能力，并且当寻龙尺靠近石块时也会有反应

另外，活跃在加拿大等地的伊夫琳·彭罗斯女士，将名为"Pendulum"的寻水术摆锤放置在地图上，不仅找到了水脉，甚至还探测到了金矿和油田。据说命中率高达 90% 以上。

据《纽约时报》报道，在 20 世纪 60 年代的越战中，美军曾用寻水术探测北越人民军的地下隧道以及地雷。另外，在 1986 年北约军队的行动中，寻水术还被用来寻找埋葬在雪崩中的挪威士兵。据了解，在澳大利亚的蛋白石开采现场，至今仍在使用寻水术探测矿脉。

寻水术的原理到底是什么呢？

潜意识告知失物位置？

1986 年，英国的权威科学杂志《自然》开设了一期特辑——"过去被认为是灵异现象，现在可用一般科学解释的事件列表"。寻水术便列在其中。

寻龙尺和摆锤之所以会有反应，是由手持该物的人类手指肌肉的轻微动作引起的。该杂志解释说，寻水术只是人类无意识引发的心理现象。例如，就像人类情绪剧烈波动时会流泪一样，当事人感觉到目标物时，手指肌肉便会不自觉地出现反应，并传递给寻龙尺，从而使动作幅度被放大。

另外，寻水术的拥护者们也并不认为道具本身就具有神秘力量。但是，他们相信所有事物都散发着特有的"波动"（能量），并且相信存在着一种"超意识"，它能够超越时间、空间涵盖整个自然界。然后，当与超意识相连的寻水者的意识与失物的波动产生共鸣时，潜意识便会震动手指肌肉，告知失物的所在之处。

虽说如此，寻水术真的有寻找的力量吗？1948 年，在新西兰的一所大学里开展的共计有 75 名寻水者参加的验证实验中，除偶然命中的概率之外，并没有出现其他结果。在这之后，在世界各地也进行了数次验证实验，但实验结果都表明寻水术的成功纯属偶然。直截了当地说，利用寻水术来挖井，与凭直觉挖井的成功率没有差别。

前述作家科林·威尔逊曾说："寻水术是掌管直觉的右脑作用下的产物。"不管验证实验的结果如何，寻水术的拥护者依然存在。另外，在能够利用科学技术探测水脉、矿脉的今天，寻水术已然成为寻找"幸福"的疗愈之法……

Q 厄尔尼诺现象是由冰河时代引起的吗？

A 大约260万年前开始的冰河时代，是地球的地轴倾角最大、四季变化最为分明的时期。大约60万年后，赤道范围内的太平洋的东西两侧出现了温度差，使得大气环流发生了变化。在今天，这种环流被称为沃克环流。据说该环流与导致极端天气出现的厄尔尼诺现象密切相关。有说法认为，厄尔尼诺现象出现在沃克环流加强后的大约200万年后，并且波动幅度逐年增加。它形成的间接原因可追溯到冰河时代初期。

Q 江户时代的人们看穿了"龙骨"的真实面貌？

A 过去在中国，人们将恐龙的骨头视为"龙骨"，并用作中药，但在江户时代的日本，人们将大象化石称为"龙骨"且用作药物。不过，当时有一些学者发现这种骨头其实是"远古大象的骨头"。平贺源内就是那些学者之一，他断定"龙骨是大象的骨化石"。在江户时代的260年间，真正的大象只从海外输入过3次，学者们似乎是从由长崎出岛引入的西方知识（也就是"兰学"）中学到相关内容的。

平贺源内（1728—1780）是活跃于日本江户时代中期的科学家和发明家。曾多次到访长崎，接触荷兰文物

Q 大象的鼻子为什么变长了？

A 正如本书中介绍的那样，为了一边支撑着沉重的头部一边饮水，大象进化了它们的鼻子。但是，早期的长鼻类（现代大象的祖先）可能和河马一样是半水生的。因此，有研究人员认为，大象的长鼻子是作为通气管使用而进化变长的。另一方面，大象的横膈膜非常厚，即使鼻子很长也不会造成它们呼吸困难。也有说法认为，大象的祖先在水生生活中增强了肺功能，这也有助于它们的鼻子越来越长。

大象的鼻子可能是在水生生活中慢慢变长的

Q 树懒真的很懒吗？

A 目前，在拉丁美洲的热带森林中，生活着2科树栖现代树懒。据说它们几乎静止不动，毛里还会长出苔藓。实际上，它们虽然行动迟缓但其实也在移动。树懒每天所需的食物大约是8克的树叶和树芽，过着基础代谢率非常低的节能生活，完全不需要为了采集食物而进行剧烈运动。树懒是游泳健将，在洪水侵袭或有天敌攻击的情况下，它们会跳进河里，灵巧地使用自己的长臂游泳。

一只在河口附近游泳的三趾树懒。想要在洪水多发的热带森林中生存下去，游泳能力至关重要

直立人登场

190 万年前—20 万年前

[新生代]

新生代是指从 6600 万年前开始持续
至今的时代。在这一时期,哺乳动物、
鸟类以及被子植物等取代中生代的恐
龙,迎来了全盛时期。不久,在它们之
中,一个新的角色隆重登场,那就是我
们——人类。

第 35 页 图片 / 肯尼思·加勒特 / 国家地理创意 / 阿玛纳图片社
第 36 页 图片 / 阿瓦隆 / Photoshot License / 阿拉米图库
第 38 页 插画 / 月本佳代美 描摹 / 斋藤志乃
第 41 页 图片 / PPS
第 42 页 图表 / 三好南里
　　　　图片 / PPS
第 43 页 插画 / 石井礼子
　　　　图片 / 土屋明
　　　　图片 / PPS
第 44 页 插画 / 斋藤志乃
　　　　图片 / PPS
　　　　插画 / 大片忠明
　　　　本页其他图片均由日本国立科学博物馆的马场悠男提供
第 45 页 插画 / 斋藤志乃
　　　　图片 / 土屋明
　　　　图片 / PPS
第 47 页 图片 / 肯尼思·加勒特 / 国家地理创意 / 阿玛纳图片社
第 48 页 图片 / 盖蒂图片社
　　　　图片 / PPS
　　　　图片 / 英国自然历史博物馆
　　　　图片 / 肯尼思·加勒特 / 国家地理创意 / 阿玛纳图片社
　　　　地图 /C-Map
　　　　图片 / 格鲁吉亚国家博物馆
第 50 页 插画 / 石井礼子
　　　　图片 / PPS
　　　　图片 / 沃德洛蒲，维基百科荷兰版
第 51 页 图片 / PPS
　　　　图片 / 日本国立科学博物馆
第 53 页 图片 / PPS（修改：真壁晓夫）
第 54 页 插画 / 石井礼子
　　　　图片 / 美国历史博物馆
　　　　图片 / PPS
第 55 页 图片 / PPS
　　　　插画 / 三好南里
第 56 页 插画 / 三好南里
　　　　图片 / PPS
第 57 页 插画 / 三好南里
　　　　图片 / PPS
第 58 页 图片 / 日本国立科学博物馆
　　　　图片 / PPS
　　　　图片 / 联合图片社
　　　　图表 / 三好南里
第 59 页 图片 / 维多利亚博物馆
　　　　图片 / 盖蒂图片社
　　　　图片 / 格鲁吉亚国家博物馆
　　　　图片 / PPS
第 60 页 图片 / 阿玛纳图片社
第 61 页 图片 / Aflo
第 62 页 图片 / PPS
第 63 页 图片 / 美国国家航空航天局 / 太阳动力学天文台 / AIA / HMI / 戈达德航天飞行中心
　　　　图表 / 美国国家航空航天局 / 马歇尔太空飞行中心 / 海瑟薇
　　　　图片 / 美国国家航空航天局 / 太阳动力学天文台
　　　　图表 / 三好南里
第 64 页 图片 / PPS
　　　　图片 / 联合图片社

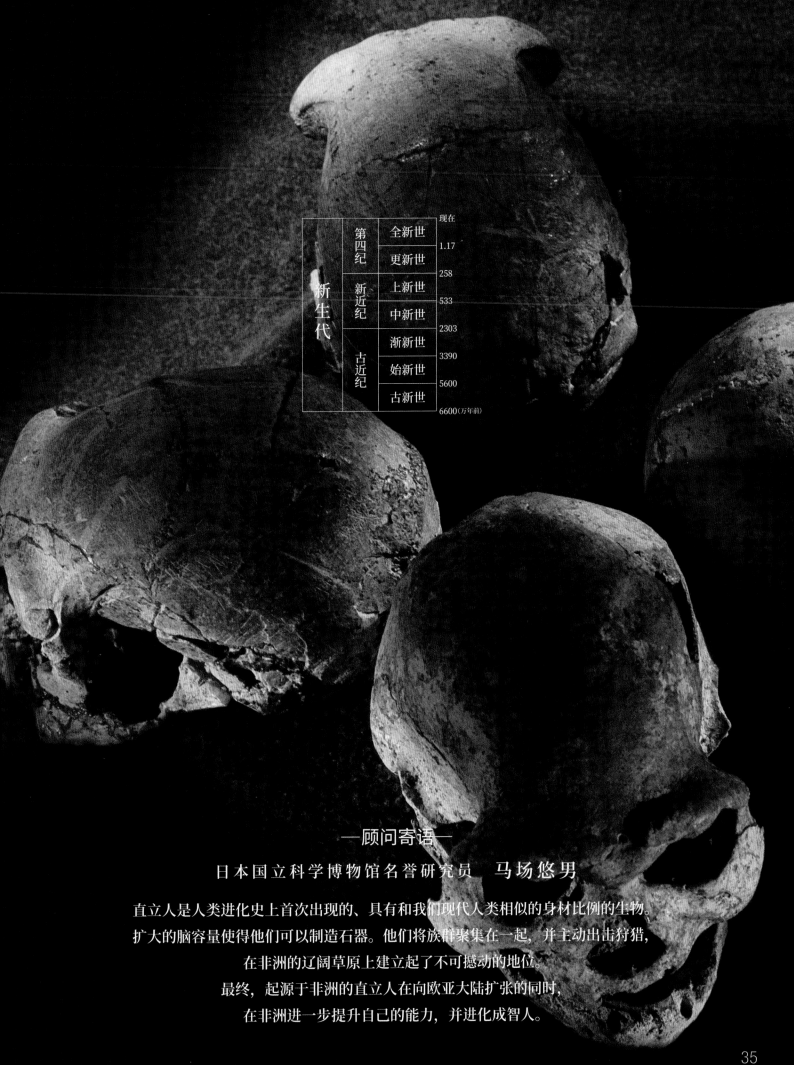

新生代	第四纪	全新世	现在
			1.17
		更新世	
			258
	新近纪	上新世	
			533
		中新世	
			2303
	古近纪	渐新世	
			3390
		始新世	
			5600
		古新世	
			6600(万年前)

―顾问寄语―

日本国立科学博物馆名誉研究员　马场悠男

直立人是人类进化史上首次出现的、具有和我们现代人类相似的身材比例的生物。
扩大的脑容量使得他们可以制造石器。他们将族群聚集在一起，并主动出击狩猎，
在非洲的辽阔草原上建立起了不可撼动的地位。
最终，起源于非洲的直立人在向欧亚大陆扩张的同时，
在非洲进一步提升自己的能力，并进化成智人。

人 类 的 摇 篮

图尔卡纳湖位于东非大裂谷地带，面积约为日本琵琶湖的 10 倍。300 万年前，在图尔卡纳湖的周围形成了动植物的天堂，南方古猿等猿人也曾在此生活。大约 190 万年前，在这个"人类的摇篮"中，出现了拥有全新特征的人类。他们长有类似于现代人类的修长四肢、能够制造复杂石器的大容量大脑……他们的名字，叫"直立人"。他们就是我们的直系祖先"晚期猿人"，因为他们成功地"走出非洲"，人类才第一次踏上了欧亚大陆的新天地。

横跨肯尼亚和埃塞俄比亚的图尔卡纳湖

图尔卡纳湖是世界上最大的沙漠湖，总面积约为 6400 平方千米。由于在湖的西岸和东岸的灌木丛中出产了各种早期的人类化石而为人所知。1984年，这里发掘出了一组近乎完整的直立人化石，被命名为"图尔卡纳男孩"。湖中央的岛屿是一个火山口，下面至今仍有火山活动。在肯尼亚境内，包括该湖在内的 3 个国家公园总称为图尔卡纳湖国家公园群，已被列入《世界遗产名录》。

远古的聚餐

这里是大约180万年前的西亚大地，位置相当于现在格鲁吉亚的德马尼西。面对陌生的"新来者"，土生土长的动物或许正感到不知所措。那是一种类似猴子的动物，双足直立行走，身上毛发稀少。这些最早出现在非洲的直立人很快扩散到欧亚大陆，来到德马尼西。与猿人相比，他们的体型更接近现代人类，并且生活方式也发生了极大的改变。其中，最典型的例子就是食肉。在这片羚羊、大象、狼、剑齿虎和长颈鹿等各种动物栖息的土地上，直立人会猎捕动物，并把滴血的肉塞进嘴里大快朵颐。这是远离非洲大陆的新天地上的一幕小"聚餐"。

马群

捕获的动物

敲骨吸髓的
直立人

老年直立人

直立人登场

他们的行走方式和我们一样。

190万年前，现代人类的祖先『直立人』登场了

在非洲大草原上，人类的祖先与许多野生动物生活在一起。大约190万年前，出现了一种具有划时代意义的新人类。

新的人类在草地上灵活奔跑

190万年前的非洲大地上，禾本科植物在稀疏的灌木丛中无止尽地蔓延。在现今已部分灭绝的大象、马、鬣狗等阔步而行的动物群中，出现了人类双足直立行走的身影。

自从700万年前人类的祖先与类人猿出现分支以来，各种各样的人类，像乍得沙赫人和南方古猿等都曾出现在非洲，并在那里走向灭绝。尽管他们都被认为是双足直立行走的动物，但他们的外形仍留有黑猩猩等类人猿的样子，而且他们的大脑容量也十分有限。但是，190万年前出现的新人类，拥有与之前出现过的人类截然不同的特征。

四肢修长，适应草原生活，大脑容量接近南方古猿的2倍，身体纤细而结实（被视为内脏变小的证据），这些都表明饮食生活质量的提高。他们就是被称为"*Homo erectus*"的直立人，在拉丁语中，"*Homo*"是"人类"的意思。直立人可以说是我们现代人类的直接祖先。让我们一起来看看他们是如何进化演变的吧。

在大草原上阔步行走的直立人

这是在非洲大草原上到处行走寻找食物的直立人的模拟图。来自欧亚大陆的风带来了当时在非洲生长旺盛的禾本科植物的种子。另外，那里还生活着各种各样的草食动物，以及大量以此为食的肉食动物。

41

现在
我们知道！

与之前人类截然不同的修长的四肢和巨大的大脑

1984 年，在东非肯尼亚北部的图尔卡纳湖西岸发现了一组完整的人类化石，经过 5 年的调查，其结果令全世界的人类学家感到震惊。这组化石是一名 10 岁左右的少年的骨骼，来自大约 160 万年前。作为如此古老的化石，除了手掌和脚掌之外，全身其他部位竟然奇迹般地保留了下来。今天，人们称这具被归类为直立人[注1]的化石为"图尔卡纳男孩"，他的发现为古人类学的发展带来了巨大的进步。

适合长距离移动的修长四肢

图尔卡纳男孩和现代人类一样长有修长的四肢，身高为 168 厘米。据估计，他成年后的身高至少可达 180 厘米。这是适应非洲炎热干燥的气候的结果。根据阿伦定律的说法，生活地区的环境越冷，动物的耳朵、鼻子、四肢等突出部分越小，而生活地区的环境越热，动物的突出部分就越大。这是因为，突出部分变大后整体表面积增加，有助于释放滞留在体内的热量。但是，直立人的骨架不仅反映出他们克服了气候的阻碍，还显示出他们

的生活方式发生了巨大变化。

他们是一种真正的"肉食"动物，这在南方古猿等之前出现的人类中并不多见。不同于采集周围的野生植物，获取动物的肉需要长时间、大范围的寻找。得益于修长的腿骨和狭窄的骨盆，直立人能够非常有效地进行双足直立行走。由于获取肉食较为困难，一般认为他们一开始会寻找自然死亡的动物或是肉食动物吃剩的肉。

不久后，他们开始积极地进行狩猎。尽管他们的奔跑能力几乎与现代人相同，也没有先进的狩猎工具，但他们会通过集体合作，巧妙地围攻猎杀动物。同时，很多时候他们自己一不小心也会成为肉食

动物的猎物。

食肉孕育出的巨大脑容量

真正开始食肉之后，人类发生了怎样的改变？可以确定的一点是，食肉促进了人类脑容量的增加。肉类含有植物无法相比的高热量，

人类的进化树

直立人是介于大约 240 万年前出现的最早的人属能人和现代人类晚期智人之间的人类。生活在大约 190 万年前至 4 万年前这一段漫长的时期。

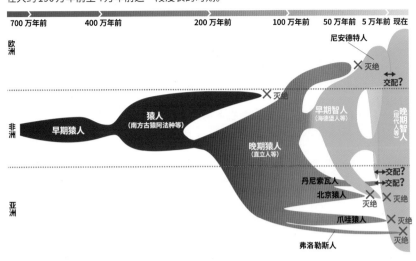

阿舍利石器的制造方法

阿舍利石器[注2]的制造，在挑选适合制造石器的石头、计划预测如何切割以及手的灵巧性等方面，都比制造之前的奥杜威石器有更高的要求。

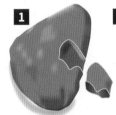

挑选适合制造石器的石头，用石锤击打石核，敲下破片。

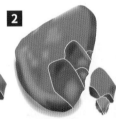

正确落锤，用石锤击打第一次敲下破片的位置附近。

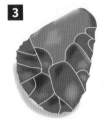

两面交替重复此过程，逐渐击打成手斧形状。

成品为握持侧较厚、前端较窄、具有锐利刀刃和刀尖的手斧。

吃骨髓的鬣狗

有说法称，人类刚开始食肉时，属于食腐动物。鬣狗用强壮的下颚咬碎动物脊椎吞食下去，而人类也会用石头等砸断动物的四肢等骨骼，啃食骨髓。

直立人的石器

直立人的大脑进化在石器制造方面也有所反映。图为阿舍利手斧。

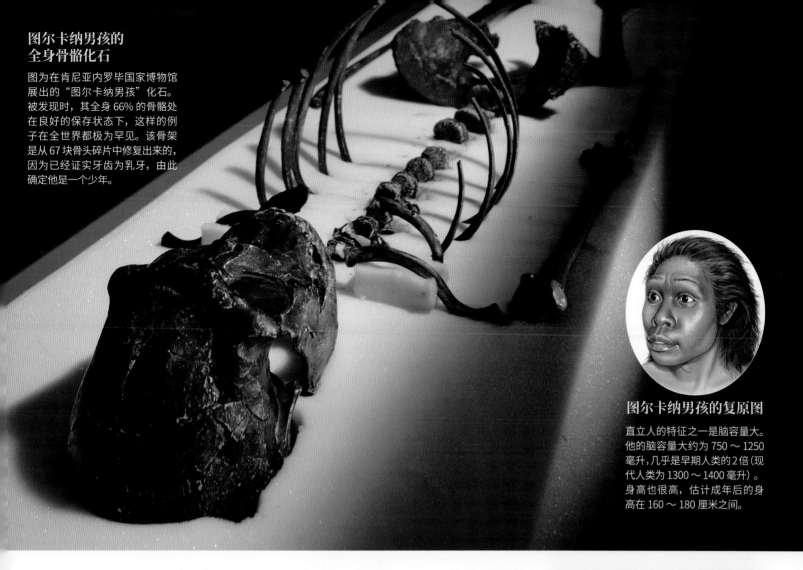

**图尔卡纳男孩的
全身骨骼化石**

图为在肯尼亚内罗毕国家博物馆展出的"图尔卡纳男孩"化石。被发现时，其全身66%的骨骼处在良好的保存状态下，这样的例子在全世界都极为罕见。该骨架是从67块骨头碎片中修复出来的，因为已经证实牙齿为乳牙，由此确定他是一个少年。

图尔卡纳男孩的复原图

直立人的特征之一是脑容量大。他的脑容量大约为750～1250毫升，几乎是早期人类的2倍（现代人类为1300～1400毫升）。身高也很高，估计成年后的身高在160～180厘米之间。

另一方面，大脑是人体中最消耗能量的器官。究竟是开始食肉才使得脑容量变大，还是拥有一个巨大的大脑才需要食肉，其中的相关关系[注3]虽然尚不清楚，但实际上，直立人的平均脑容量大约在750～1200毫升，而以食草为主的猿人的脑容量在500毫升左右，直立人的脑容量几乎是他们的2倍。

从直立人使用的石器中可以看出脑容量变大带来的影响。大约200万年前的能人也以制造石器而闻名，但他们的石器只不过是靠敲打石头制成的简单石片，而直立人的石器制造方法则是砸击石块，然后打磨出"刀刃"。这是很明显的智力发展的迹象。直立人凭借这些进化特征，扩大了自己的栖息领域，并最终完成了之前的人类无法实现的事情。那就是从非洲大陆进军欧亚大陆。

科学笔记

【直立人】 第42页注1

直立人这个名字最初是爪哇猿人和北京猿人等在非洲以外地区发现的晚期猿人的统称。以图尔卡纳男孩为代表的在本书中被称为"直立人"的人属，与生活在非洲以外地区的晚期猿人存在很大的个体差异，有时也被称为"匠人"。但是，由于在广义上有时直立人中也包括了匠人，因此，本书中将匠人、爪哇猿人以及北京猿人统称为直立人。

【阿舍利石器】 第42页注2

最早的人属——能人制造的石器被称为"奥杜威石器"，而直立人在160万年前左右开始制造的更为高级的石器被称为"阿舍利石器"。两者均以发现它们的地方命名。

【相关关系】 第43页注3

关于大脑的增大和食肉之间的关系有多种解释。有人说，为了猎捕动物和寻找尸体，直立人需要拥有比采食植物更高的计划能力和判断能力，所以，这种生活促进了他们的大脑发育。

杰出人物

图尔卡纳男孩的发现者

理查德的父亲是第一位发现人属"能人"的古人类学家路易斯·利基。理查德的职业经历十分独特。从肯尼亚的高中辍学后，他做过野生动物园向导等工作，最终走上了人类学之路。他继承了父亲寻找最古老的人类的梦想，对于事业的热情非比寻常。终于，理查德发现了图尔卡纳男孩。在人类学研究方面取得过诸多成就的查理德还曾担任内罗毕国家博物馆馆长。

人类学家
理查德·利基
（1944—）

直立人发育得比较早？

在图尔卡纳男孩的手臂和大腿的骨两端中，残留着成年后就会消失的骺软骨。因为已经确认长的是乳牙，所以估计该男孩年龄在10岁左右，但近年来，该男孩应该为7岁左右的观点也得到了很多人的支持。年纪还这么小，身高就已经达到168厘米，这表明直立人的发育模式很有可能与现代人类不同。

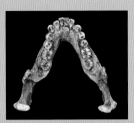

图为图尔卡纳男孩的头骨。有观点认为，乳牙脱落后的部位有感染的迹象，该男孩可能死于败血症

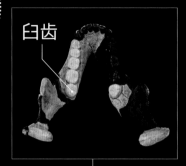

头骨

猿人的脸的下半部分向前突出，脑颅小，左右眼窝间距较窄。直立人头骨低矮，但前后较长，这表明他们的脑容量增加了。两者皆眼窝凹陷，眉骨隆起且较粗，呈弧形。

据推测，直立人的鼻梁较低，鼻孔朝前。

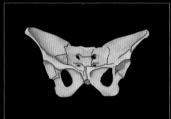

臼齿

牙

以食草为主的猿人，为咀嚼坚硬的纤维材质食物，牙釉质变厚，而食肉的直立人臼齿变小。尽管如此，他们的臼齿可能仍比现代人类更大。

鼻子与嘴巴之间的间距变大。

脸的下半部分前突，但下巴（下颌）后缩。

南方古猿阿法种（猿人）

| *Australopithecus afarensis* |

根据脚的形状和在大约360万年前的地层中发现的足迹判断，南方古猿阿法种是双足直立行走的人类。虽然他们的腿比较短，但手臂较长，手臂与股骨的长度比例接近现代狒狒，由此可以推测，他们也擅长爬树。

年代：370万年前—300万年前

分布地区：东非

平均身高：男性151厘米，女性110厘米

脑容量：387～550毫升

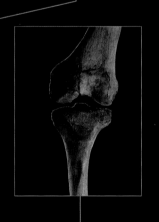

骨盆

类人猿的骨盆在垂直方向上较长，但人类的骨盆在垂直方向上变短，因此，当人类进行双足直立行走时，更容易维持身体的前后平衡。直立人的骨盆比猿人窄，通过扭动身体，可以使走路姿势更加优美。

腿骨

直立人的腿骨总体上比猿人更长。这使得他们的步幅增大，提高了双足直立行走的效率。此外，直立人的膝关节与胫骨接触面积更大，变得更加稳定。猿人是罗圈腿，但直立人的膝盖位置更靠近中心，使腿部显得笔直。

脚

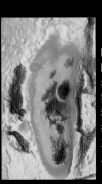

图为3D激光扫描的猿人脚印。蓝色越深的部位表示承受的体重越大。与黑猩猩等相比，他们的脚尖和脚后跟的前倾方式更接近现代人类。这是双足直立行走的能力得到发展的证明。

因为直立人擅长爬树，所以他们的手指像类人猿一样长长地弯曲着。

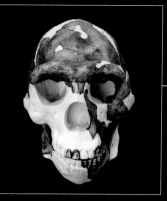

由于颧骨很宽，脸部也较宽。

由于鼻骨较宽，鼻子显得扁平，鼻头肥大。

臼齿

与现代人类相比，下颌更向前突出。

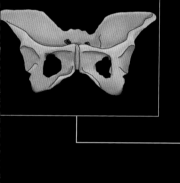

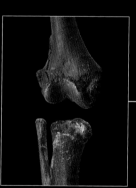

接近现代人类，手指可以灵巧活动。

直立人登场

原理揭秘

直立人与猿人有什么不同？

直立人，大约在 190 万年前出现于非洲的一种新人类。据说他们食肉，并且拥有较大的脑容量，他们的身体特征比之前出现过的任何一种人类都更接近现代人。让我们通过他们与祖先南方古猿等猿人的比较，来看看他们的身体构造吧。

直立人

| Homo erectus |

与猿人相比，除了身高大幅度增加和体型变得细长之外，手臂变短，腿也变得更长。据说，南方古猿既可以双足直立行走，也可以在树上生活，但直立人的这种身材比例变化表明，人类已经完全过渡到在地面行走的生活。

年代：190万年前—4万年前
分布地区：东非、欧亚大陆的部分地区等
身高：160～180厘米
脑容量：750～1200毫升

脚

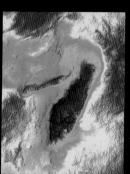

从脚印可以看出，直立人的脚在结构上与现代人类几乎相同。拇指很大，有脚心，走路时重心移动方式与现代人类相同，都是从脚后跟到脚拇指球（大拇指根部）移动。

走出非洲

直立人从非洲扩张到欧亚大陆

直立人出现在大约 190 万年前的非洲。拥有适合双足直立行走的身体并且食肉的他们将成为历史上首次走出非洲的人类。

从非洲到中国的距离大约有 8000 千米！这是一场前所未有的长途旅行。

人类历史上的首次壮举，实现的要素是什么？

随着航海技术的发展，大航海时代的水手们踏上了征服世界尽头的海上之旅。自 17 世纪定居以来，欧洲人在北美大陆以破竹之势向西扩展边界。纵观现代生活，人类似乎总是在焦急地追逐新天地。而从整个人类历史来看，进行第一次尝试之前所经历的时间漫长得令人生畏。自从与类人猿分化进化以来，人类已在非洲生活了大约 500 万年。在非洲的大部分历史中，他们对非洲以外的大陆都是从未涉足的。"走出非洲"这一人类历史上的辉煌成就，是由大约 180 万年前出现在非洲的直立人完成的。他们扩张至欧亚大陆各地，在今天的中国和印度尼西亚等地开始了新的生活。一般认为，北京猿人和爪哇猿人是他们的后裔。

经过了大约 500 万年的停滞之后，为什么直立人能够进军欧亚大陆呢？

格鲁吉亚的德马尼西遗址

人类学家在格鲁吉亚的德马尼西村郊区，发现了大约 180 万年前的直立人的化石，这是 1991 年以来在非洲以外地区发现的最古老的化石。这里是世界上最大的直立人遗址，这一遗址的发现彻底改写了"人类在 100 万年前走出非洲"的定论。

47

现在
我们知道！

在『走出非洲』之后，人类又来到东南亚

这真是一段漫长的旅程啊！

直立人离开熟悉的土地，踏入了新天地。如果是我们现代人，可以用"冒险心"和"好奇心"这两个词来解释动机，但对于直立人来说，这是一次十分冒险的活动。如何适应不同的气候和植被？如果出现新的天敌，该如何应对？对于180万年前走出非洲的直立人而言，面对的是同样的问题。究竟是什么原因推动他们做出这一决定呢？

直立人为寻求"美食"而踏上旅途？

最有力的一个假设是古人类学家艾伦·沃克的"美食说"，他曾担任图尔卡纳男孩项目的研究组长。

肉类所含热量比植物高，但不容易获得。因此，与草食动物相比，

中国·周口店

该遗址位于北京市西南方向42千米处龙骨山的山脚下。在这里，已发现约40组分散的化石，是研究直立人的重要遗址之一。

英国·黑斯堡

在该地发现了直立人的脚印和石器，这表明他们在大约80万年前已经到达欧洲，比一开始想象的要早得多。

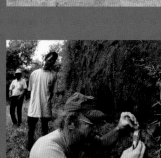

印度尼西亚·桑义兰

位于爪哇岛的桑义兰早期人类遗址，除了爪哇猿人的头骨和股骨化石等外，还发现了大量150万年前—1万年前的人类化石等。

肉食动物会进行更大范围的移动以寻找食物。与之前以食草为主的人类不同，开始吃动物肉的直立人可能需要一个更广阔的生活空间。在寻找食物的不断迁移中，一些群体到达了中南半岛，即非洲和欧亚大陆的边界。不久，他们意识到自己已经踏上了欧亚大陆。

食肉的习性对于直立人适应新天地也很有利。与温暖的非洲相比，欧亚大陆的许

如今德马尼西的风景

直立人的化石发现于两面峡谷环绕的小山上，但大约180万年前，这里是一片广阔的平原，后来由于火山喷发，形成了现在的地形。远古的德马尼西是一个极好的狩猎场所，各种各样的动物在这里阔步而行，但似乎人类也成了肉食动物的猎物。

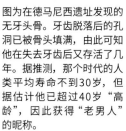

没有牙齿的直立人

图为在德马尼西遗址发现的无牙头骨。牙齿脱落后的孔洞已被骨头填满，由此可知他在失去牙齿后又存活了几年。据推测，那个时代的人类平均寿命不到30岁，但据估计他已超过40岁"高龄"，因此获得"老男人"的昵称。

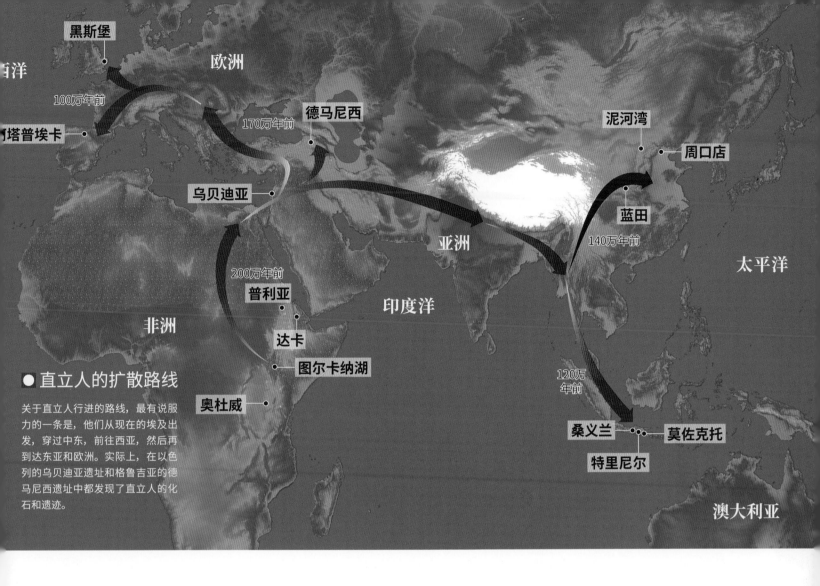

黑斯堡

欧洲

100万年前

阿塔普埃卡

德马尼西

170万年前

泥河湾

周口店

乌贝迪亚

亚洲

蓝田

140万年前

太平洋

200万年前

普利亚

印度洋

非洲

达卡

图尔卡纳湖

● 直立人的扩散路线

关于直立人行进的路线，最有说服力的一条是，他们从现在的埃及出发，穿过中东，前往西亚，然后再到达东亚和欧洲。实际上，在以色列的乌贝迪亚遗址和格鲁吉亚的德马尼西遗址中都发现了直立人的化石和遗迹。

奥杜威

120万年前

桑义兰

莫佐克托

特里尼尔

澳大利亚

多地区四季差异很大，无法确保全年都能获得水果等植物。食肉的直立人有多种食物选择，可以灵活地应对环境的变化。但是，欧亚大陆的生活似乎并不平静。

格鲁吉亚化石讲述
新天地的生活

格鲁吉亚是欧亚大陆西部的一个小

国，地处欧洲和亚洲的交界处。在位于该国东南部的德马尼西村，发现了约180万年前的直立人化石。他们被认为是人类历史上第一个离开非洲的群体的后代[注1]。在这片曾是台地平原的土地上，绿树成荫，栖息着鹿、鸵鸟、长颈鹿、马等多种草食动物。直立人可能曾伏击、围攻它们，并进行猎杀，因为这里出土的鹿骨等化石上留有肉被石器挖去的痕迹。不过，这些骨头中也混杂有

剑齿虎、熊、鬣狗等肉食动物的骨头，此外，还发现了带有动物齿印的人体骨骼。人类也是其他肉食动物的猎物，德马尼西并不是一个人类可以安然入睡的地方。

在这种情况下，研究人员也发现了令人感兴趣的化石。该化石可能是一名高龄男子的头骨化石。这名男子在牙齿几乎全部脱落后，又存活了几年。对于靠采集植物、猎捕动物为食的直立人来说，失去牙齿应该意味着他没有东西可吃。那么，他在失去牙齿的情况下究竟是怎样生活的呢？有一种说法是，他的同伴会给他吃动物的内脏和大脑等柔软的部位，并且照顾他。如果真的是这样，那就说明"关怀体贴"这样的人性化行为在大约180万年前就已经存在了。

新闻聚焦

格鲁吉亚的大发现是早期人类研究的飞跃？

最近，在格鲁吉亚的德马尼西遗址发现了具有多种早期人类特征的直立人头骨，引发了早期人类研究的一阵风波。迄今为止，人们一直深信在非洲发现的能人和直立人与北京猿人等亚洲的直立人属于不同的人属，但是这一发现提高了这些物种都属于直立人的可能性。

最早发现的下颌骨，起初被认为可能属于直立人之外的某个物种，但由于颅骨和面部匹配，所以可以确定属于直立人

人类穿越欧亚大陆后到达东亚

　　到达德马尼西之后，连续几代直立人又走了 6000 多千米，到达东亚。在古人类中，比较有名的爪哇猿人和北京猿人，是此时迁徙过来的直立人的别称。最古老的爪哇猿人大约生活在 120 万年前（也有人认为是 160 万年前），北京猿人则大约生活在 140 万年前。此外，好像还有一些群体在大约 100 万年前到达了西班牙和意大利。

　　他们在各自的土地上，经历了怎样的命运呢？人们认为，直立人在各地实现独立进化，并且与现代人类的诞生密切相关。也就是说，北京猿人是东亚人，爪哇猿人是东南亚人，欧洲的直立人[注2]通过尼安德特人的进化而成为欧洲人，像这样的例子还有很多。但是，现在相信这种说法的人已占少数，并且人们认为，至少在 4 万年前左右，直立人就已经从地球上灭绝了。在此过程中，留在非洲的直立人中，又出现了脑容量变得更大的新人类，接过了向现代人类进化的接力棒。

爪哇猿人"特里尼尔2号"

图为1891年在爪哇岛特里尼尔发现的爪哇猿人（直立猿人）的头盖骨。通过图片，可以看到眼窝深陷等特征。左侧为复原图。

北京猿人的头骨与复原图

北京猿人的脑容量为900～1200毫升，约为现代人类脑容量（1350毫升）的3/4。头骨的高度低于现代人类，并且具有前后较长的特征。

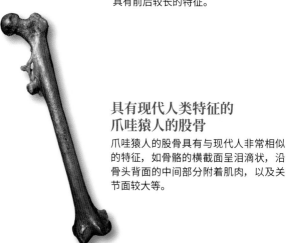

具有现代人类特征的爪哇猿人的股骨

爪哇猿人的股骨具有与现代人非常相似的特征，如骨骼的横截面呈泪滴状，沿骨头背面的中间部分附着肌肉，以及关节面较大等。

科学笔记

【后代】 第49页 注1

德马尼西的直立人被认为是最早迁徙至欧亚大陆的人类，但关于其真实身份一直存在争议。在这里发现的许多人体骨骼都保留了原始特征，同时也发现了脑容量仅为600毫升的个体，这与直立人的前身——能人的大脑容量相当。因此，有人认为应将其归类为新物种"格鲁吉亚人"。也有人认为"走出非洲"的其实是能人，能人到达德马尼西后又回到非洲，并在那里进化成直立人。

【欧洲的直立人】 第50页 注2

为了方便起见，欧洲的直立人在这里被称为直立人，但是100万年前—80万年前生活在欧洲的人类的化石很多仍是零碎的，它们的分类和系统位置尚未确立。也有一种理论认为他们是另一种人类，名为"先驱人"。

杰出人物

让直立人面向世人的军医

　　1891 年，杜波依斯以军医的身份前往印度尼西亚（当时为荷兰领土），开始寻找亚洲尚未发现的早期人类化石，并着手进行调查。不久，他便发现了人类的头骨和股骨等化石。他将其命名为直立猿人，但后来因其与在中国北京发现的北京猿人这一古人类化石具有相似性，两者皆被确定为直立人。

解剖学家
尤金·杜波依斯
（1858—1940）

被大家昵称为"霍比特人"的"弗洛勒斯人"到底是谁?

她来自哪里?
又是怎样进化的?

人类学研究人员认为,在长达约700万年的人类进化过程中,随着年代的发展,身高和大脑也会有增高、增大的倾向。尽管可能略有不同,但整体趋势并没有太大的变化。但是,印度尼西亚-澳大利亚联合调查小组于2003年在弗洛勒斯岛上发现了一具女性骨骼化石,尽管她可能生活在9万年前到1万几千年前,但身高和脑容量与约300万年前的猿人大致相同,她的身高约为110厘米,脑容量约为420毫升。这具化石被命名为"弗洛勒斯人"。第二年,关于该化石的研究登上了《自然》杂志,震惊了全世界的人类学研究人员。

尽管弗洛勒斯岛从未与亚洲各大陆和岛屿相连过,但迄今已在岛上发现了小型的大象和大型的啮齿动物等的化石,人们认为它们的祖先从东南亚偶然漂流到岛上,在那里实现了独立进化(即岛屿

■弗洛勒斯人

图为在日本国立科学博物馆展出的女性弗洛勒斯人的复原模型。她的身体虽小,却很健壮,显示出人类特征。背景插图是当时的各种动物。有体形较小的剑齿象、巨大的东方白鹳、科莫多巨蜥和巨鼠维卡。

■印度尼西亚弗洛勒斯岛的梁布亚洞穴

在发现弗洛勒斯人化石的洞穴中也发现了火的使用痕迹。这到底是与猿人具有相同脑容量的弗洛勒斯人使用的火,还是后来迁徙过来的现代人类使用的火,解释各不相同。

规则,这是进化生物学的一条规律,是岛屿生物地理学研究中的核心规则。根据岛屿规则,视环境中可获得的资源而定,一个种的成员会趋向于变大或者变小)。比如,由于小岛上食物不多但同时也没有老虎的威胁,大象的体形变小,数量变多。又比如,由于缺少中型动物的竞争,啮齿动物的体形变大了。那么,弗洛勒斯人的祖先是否也和其他动物一样,从某处漂流而来,为了增加个体数量体形逐渐变小?或者他们原本就很小?

猿人? 晚期猿人? 晚期智人?

最初,通过对弗洛勒斯人的化石形态分析,认为她的头骨类似于非洲和西亚早期的晚期猿人,而四肢骨骼类似于猿人或类人猿等。甚至还有一种奇怪的说法,认为她是生长异常的晚期智人。然而,我们发现她大脑的形状与晚期猿人相似,与猿人

和生长异常的晚期智人不同。此外,一起发现的石器也类似于晚期猿人制造的石器,并且在100万年前左右的地层中也发现了类似的石器,因此,毫无疑问,当时的弗洛勒斯人是居住在弗洛勒斯岛上的。

本人和日本国立科学博物馆的海部阳介先生,长期从事爪哇猿人的研究,因此我们二人自2006年开始,也加入了弗洛勒斯人的研究工作。然后,通过以海部先生为主进行的头骨形态分析发现,弗洛勒斯人与爪哇猿人最为相似。因此,一种合理的假设是,在100多万年前,早期的爪哇猿人的群体从东南亚的某处,随海啸等漂流至弗洛勒斯岛,然后体形变小。在此,本人想向他们的伟大冒险致敬。人类进化的探索充满了难以想象的谜团,才如此令人着迷,无法停止。当然,关于弗洛勒斯人的研究也还在继续。如果他们存活至现代,我们能把他们看作人类吗? 我们能够尊重他们的人权吗?

马场悠男,1945年生。毕业于东京大学理学部生物专业。曾任日本国立科学博物馆人类研究部部长,长年致力于与印度尼西亚的研究机构合作开展有关爪哇猿人的学术调查。热爱实地调查,主要研究人类的演变和日本人的形成过程。

早期智人登场

人类从直立人进一步进化

智人于大约 20 万年前出现在陆地上。从 180 万年前开始，当直立人成功地『走出非洲』，并扩张至整个欧亚大陆时，人类又留下了怎样的足迹呢？

顺便一提，我们现代人类的平均脑容量为 1300 ～ 1400 毫升。

具有"人性化"特征的早期智人

从早期的人类"猿人"到"晚期猿人"，人类一直在稳步进化。大约 60 万年前，出现了"早期智人"，即晚期猿人和"晚期智人"（新人）之间的过渡角色。一般认为，海德堡人诞生于非洲。

人类的进化，具体指的是怎样的变化呢？当人类从猿人进化为晚期猿人和早期智人时，腿骨和骨盆的形状，以及牙齿的大小等发生了改变，但最明显的变化是脑容量的增加。

猿人的脑容量在 500 毫升左右，晚期猿人的脑容量为 600 ～ 1200 毫升，到了早期智人时期的海德堡人，他们的脑容量已增加至 1100 ～ 1300 毫升。然后，我们在他们身上看到了前所未有的行为——类似于埋葬的仪式活动。这也是地球历史上首次以明确的形式出现的一种"人性化行为"。大约 30 万年前出现的尼安德特人继承了这一活动，并实现了进一步的飞跃。让我们来看看与现代人最为接近的人类——早期智人的生活吧。

尼安德特人的复原图

尼安德特人出现在大约 30
万年前，因为他们在人类进
化过程中与现代人类最为接
近，所以也被称为"现代人
类的邻居"。他们的脑容量
等于或大于现代人类的脑容
量，同时，他们也会制作工
艺品，并进行人体彩绘等。
另外，遗传学研究表明，他
们中的一些人很可能拥有白
皮肤，长着金发或红发。

现在
我们知道！

埋葬、人体装饰……早期智人掌握多种现代人类的行为？

达尔文曾说过，人类与非人类动物之间的智力差异在于"程度上而非本质上的差别"。确实，园丁鸟[注1]能够以植物为材料搭建出令人惊叹的棚屋状的巢穴。黑猩猩会将树枝插进蚁穴，并吃掉附着在树枝上的白蚁。但是在今天，我们知道人类与其他动物的智力之间存在明显的质的差别。因为只有人类才能进行对环境产生影响的活动，像宗教仪式、艺术活动、开垦和治水等，而这些都需要抽象思维能力[注2]。虽然关于人类这种独特能力的起源尚有许多不明之处，但考古证据表明，这种能力在早期智人出现前后开始进入飞跃式的发展。

从早期智人活动中看到的"人性化"的流露

海德堡人出现在60万年前的非洲，后来广泛分布至欧洲，但其在人类进化过程中的位置仍不清楚。他们上半身的某些部分类似于智人，下半身的特征类似于尼安德特人，例如髋关节面较大。

在海德堡人留下的遗迹中，最让研究人员惊讶的是在西班牙阿塔普尔卡发现的一个名为"骨头洞穴"的竖坑。那是一个深13米的洞，位于洞穴深处的底部密集地堆积着大约30具人骨。有一部分研究人员认为，这是一个埋葬尸体的墓地。

这在人类进化过程中是具有划时代意义的事件。在此之前的

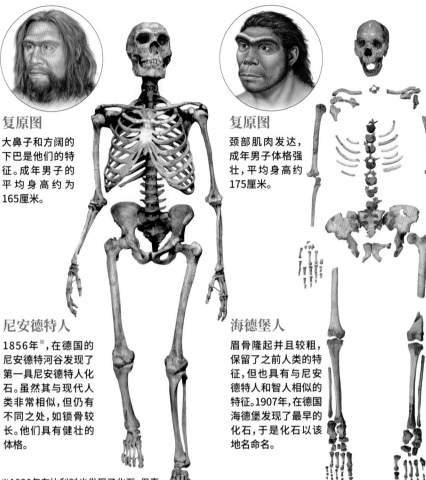

复原图
大鼻子和方阔的下巴是他们的特征。成年男子的平均身高约为165厘米。

复原图
颈部肌肉发达，成年男子体格强壮，平均身高约175厘米。

尼安德特人
1856年[※]，在德国的尼安德特河谷发现了第一具尼安德特人化石。虽然其与现代人类非常相似，但仍有不同之处，如锁骨较长。他们具有健壮的体格。

海德堡人
眉骨隆起并且较粗，保留了之前人类的特征，但也具有与尼安德特人和智人相似的特征。1907年，在德国海德堡发现了最早的化石，于是化石以该地名命名。

※1830年在比利时也发现了化石，但直至1857年研究结果发表时，才得知该化石为尼安德特人。

他们可能一直在思考"来世"或"前世"的问题。

在"骨头洞穴"中发现的石器
图为两面都经过精心打造的手斧。海德堡人通过击打大块石头并剥去碎片的方法来制造石器。这比之前人类的方法更有效。

埋葬行为的想象图
大约35万年前，海德堡人将尸体埋葬在阿塔普尔卡的"骨头洞穴"中。他们的骨骼化石上经常可见伤口愈合的痕迹，海德堡人似乎常常因为狩猎等活动而处于危险之中。

人类遗址中，从未发现过像埋葬这样的精神活动的痕迹。首先，埋葬是抽象思维出现的标志，而抽象思维是现代人类的最大特征，即"人性化"的流露。当然，有人说是因为洪水而使得大量尸体流入洞穴，也有人说这些只是随意丢弃的尸体。但是，在洞穴中也发现了一些可能是供品的未使用的石器，这是海德堡人进行埋葬活动的证据。

尼安德特人会向尸体献花？

大约 30 万年前，当尼安德特人出现时，让人感受到他们的"人性化"行为的表现方式变得越来越多。他们可能已经使用天然沥青作为黏合剂，并将石器装在木柄等材料上当作长矛。此外，他们还用天然颜料在身体上进行彩绘，并戴着贝壳等加工而成的吊坠。这两者的制作都需要先进的发明能力和抽象的思维能力。

埋葬方式也发生了变化，并且有可能存在向尸体献花的行为。在伊拉克北部的沙尼达尔洞穴发现的一组男性化石可以作为这一推测的证据。有人认为，在周围的土壤中发现的问荆和蓟等多种植物的花粉，可能是埋葬时献花的痕迹，但也有人对此持否定意见。

这些人类行为的变化，确实与脑容

量的增加有关，但这种相关关系至今仍存在许多谜团。比如，尼安德特人的平均脑容量为 1500 毫升，比智人的平均脑容量（1300 ～ 1400 毫升）还要大。不管怎样，从大约 700 万年前开始传递的人类进化的接力棒，终于在大约 20 万年前传给了我们智人。人类的独特能力迎来了发展的顶峰。

尼安德特人的墓地

在西班牙、法国和以色列等地发现了被认为是尼安德特人埋葬族人活动的遗址。照片中是在法国圣沙拜尔遗址发现的大约4万5000年前的尼安德特人化石。他的膝盖弯曲，呈朝上的"屈肢葬"姿势，这是尼安德特人有意埋葬死者的证据。

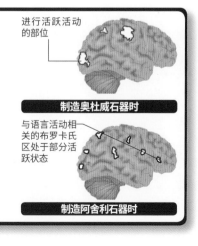

观点⚡碰撞

制造石器的行为促进了大脑的发育？

能人靠击打石头得到的碎片制造出"奥杜威石器"，直立人则对石块进行两面打制，做出尖刃，制造出"阿舍利石器"，而早期智人以后则开始制造左右对称的石器。石器也随着人类历史的发展而进步。近几年的研究表明，在制造相对复杂的石器时，大脑的布罗卡氏区会变得活跃。因为这里是与语言理解有关的部位，所以石器的进步和人类智力的提高可能会互相影响。

进行活跃活动的部位

制造奥杜威石器时

与语言活动相关的布罗卡氏区处于部分活跃状态

制造阿舍利石器时

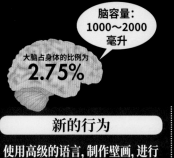

脑容量：1000～2000毫升
大脑占身体的比例为 **2.75%**

脑容量：1200～1750毫升
大脑占身体的比例为 **1.98%**

脑容量：1100～1300毫升
大脑占身体的比例为 **1.69%**

新的行为
使用高级的语言，制作壁画，进行远距离交易，有效地利用水产品，使用船，制造复杂的石刃石器

新的行为
开始进行人体装饰、采用勒瓦娄哇技术制造剥片石器

新的行为
埋葬，使用语言(?)，制造标准的剥片石器

1700毫升
1200毫升
800毫升
600毫升
500毫升

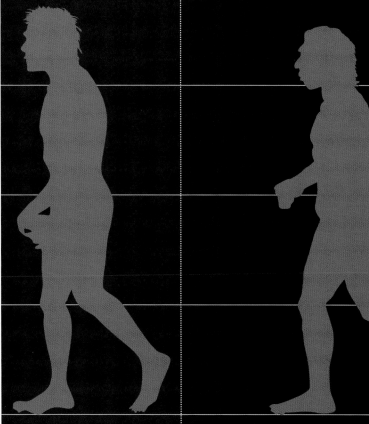

智人
| Homo sapiens |

他们能够高效地制造标准石器和骨器，会进行烹饪和远距离交易等多种活动。特别是绘画和人体装饰等抽象思维的表现被称为"符号的使用"，是引领人类走向如今的繁荣的最主要因素之一。

年代：20万年前—

分布地区：世界各地

图为在法国拉斯科洞窟中发现的大约1万8000年前的壁画。描绘了牛和鹿等当时的动物

尼安德特人
| Homo neanderthalensis |

他们的石器制作技术被称为"勒瓦娄哇技术"，通过用锤子击打砾石，剥下较小的石片，从而制造出比海德堡人的石器更为复杂的石锥等。此外，从制作骨器和首饰，以及有计划地进行狩猎等也可以看出，他们具有与现代人类相同的行为。

年代：30万年前—大约4万年前

分布地区：欧洲各地至中亚

图为采用勒瓦娄哇技术制成的矛头。随着这项技术的出现，大型石器开始逐渐消失

海德堡人
| Homo heidelbergensis |

能够制造统一形式的"剥片石器"。需要经过复杂的步骤敲击打制石核。一般认为，他们会积极地狩猎，并用标枪杀死大型动物。脑容量较大，可能还会进行埋葬活动和说话。

年代：60万年前—20万年前

分布地区：非洲、欧洲等

图为西班牙的"骨头洞穴"，在此发现了大约30组可能是被埋葬的人骨化石。位于难以进入的洞穴深处

20万年前　　　　　　　　30万年前　　　　　　　　60万

脑容量：
600～1200
毫升

大脑占身体的比例为
1.46%

脑容量：
600～700
毫升

大脑占身体的比例为
1.58%

脑容量：
387～550
毫升

大脑占身体的比例为
1.2%

早期智人登场

原理揭秘

由脑容量扩大带来的行为进化

新的行为
积极地进行狩猎，使用火，制造阿舍利手斧

新的行为
觅食腐肉，制造奥杜威石器

新的行为
可以实际进行双足行走，开始使用工具（？）

直立人
| *Homo erectus* |

图为大约从165万年前才开始制造的新型石器"阿舍利石器"。另外，关于人类使用火的年代也是众说纷纭，但是，从遗址中火炉的痕迹等来看，自直立人开始使用火的说法更为有力。
年代：190万年前—4万年前
分布地区：东非、欧亚大陆的部分地区等

能人
| *Homo habilis* |

手掌宽大，拥有可以准确抓住东西的大拇指。由于他们的化石是和用最古老的技术制造的石器一起发现的，所以很可能在他们那时候已经开始制造石器。因为从遗址中发现了动物的化石，由此推测他们能够寻找并啃食动物尸体。
年代：240万年前—160万年前
分布地区：东非、南非

南方古猿阿法种
| *Australopithecus afarensis* |

有确凿证据证明他们是双足直立行走的人类。一具带有重伤的339万年前的有蹄类动物骨骼化石的发现表明，可能是他们用石器之类的坚硬工具肢解了动物的尸体。

年代：370万年前—300万年前
分布地区：东非

人类在700万年前从类人猿中分化出来。早期人类的脑容量约为现代人类的1/3，与黑猩猩相当，但自从最早的人属能人出现后，脑容量开始明显增加。虽然脑容量与智力之间的关系尚有许多不确定之处，但是后来的物种确实不断做出需要更高智力的行为。

图为阿舍利手斧。手斧的制造需要先进的技术，通过交替敲打石块的两面做出尖刃制成

图为能人使用的石器"乔巴"。大约出现在180万年前，可能用于肢解动物尸体等

图为南方古猿阿法种的脚印化石。有人说开始双足直立行走和双手的解放促进了他们大脑的发育

190万年前　　　　240万年前　　　　370万年前

地球博物志

晚期猿人、早期智人时代的动物

| Animals which coexisted with old humanity |

与现代物种既相像又不像

从大约 190 万年前直立人出现到 30 万年前尼安德特人繁荣的这段时期里，存在过哪些动物呢？让我们一起来看看它们时而被人类捕食时而捕食人类的生存状态吧。

第四纪主要的动物类群概述

第四纪开始于 258 万 8000 年前，一直延续至今。现在我们仍能看到马科和鹿科等动物的身影，但是，在这期间，也有大量富有个性的动物灭绝。

鸟类

巨大的鸟类繁盛，其中包括史上最大的秃鹰、泰乐通鸟以及与鸵鸟极为相似的重达400千克的隆鸟等。

肉食动物

除了在世界各地都能看到的剑齿虎等大型猫科动物之外，还存在过重约900千克的史上最大的熊——巨型短面熊。

马类

在北美数量急剧增加的马类也扩张到了欧亚大陆和非洲。现存的斑马等野生物种也出现在这一时期。

长鼻类

这一时期，象类十分繁盛。在世界各地都发现了灭绝的长鼻类动物，如猛犸象、乳齿象等。

【恐象】

| Deinotherium |

已经灭绝的一种象类，特点是有一对向后下方弯曲的獠牙。关于这牙的用途众说纷纭，据说，它们的獠牙可以用来剥去树皮，钩住树并将其拉向自己，以便更好地吃到树叶。虽然不确定它们是否曾为类狩猎的对象，但是在大多数东非早期人类的主要遗址中都发现了象的骨骼。

图为恐象复原图。它们的体形在的非洲象还要大一些。由于位于头骨上方，因此推测它们代大象一样长有长鼻

数据

分类	长鼻目恐象科
年代	中新世早期—更新世早期
分布地区	欧洲、亚洲、非洲
大小	肩高最高约4米

【硕鬣狗】

| Pachycrocuta |

一种已灭绝的大型鬣狗。适应长距离奔跑，有非常强壮的下颚，可以将猎物连同骨头咬碎。硕鬣狗给人一种强烈的食腐

的周口店遗址中，发现了可能曾被硕鬣狗捕食的直立人化石，由此推测它们的存在曾对人类构成威胁。

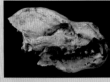

右上图为硕鬣狗的复原图。它们的身体比现代物种更为强壮

数据

分类	食肉目鬣狗科
年代	上新世晚期—更新世中期
分布地区	非洲、欧洲、亚洲
大小	体长1.3米

近距直击

尼安德特人的狩猎方式很残酷？

有说法认为，直立人通过寻找肉食动物吃剩的肉来获取肉类而尼安德特人却积极地狩猎，能猎捕北山羊（山羊属）和鹿等物。下图总结了在尼安德特人化石中发现的骨折等各部位各种受伤情况，与现代从事竞技骑师的受伤类型极为相似，说明大型动的狩猎方式是十分残酷的。

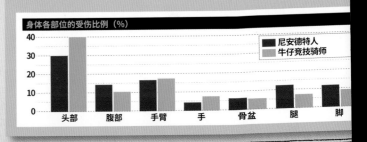

身体各部位的受伤比例（%）

■ 尼安德特人
■ 牛仔竞技骑师

40
30
20
10
0

头部　腹部　手臂　手　骨盆　腿　脚

【古巨蜥】

| Varanus |

长达8米的巨型蜥蜴，容易让人联想到恐龙。现存最大的蜥蜴是印度尼西亚的科莫多巨蜥，但全长只有3米。在澳大利亚这一古巨蜥曾生活的地方，生活着很多大型哺乳动物，如高约3米的袋鼠等，据说为了捕食它们，古巨蜥的体形逐渐变大。最早的一批人类大约在4万5000年前到达澳大利亚。在这一时期灭绝的古巨蜥可能曾与人类一同生活。

人们认为古巨蜥是一个凶猛的捕食者，它们的下颚肌肉发达，长有锯齿状的长牙。据估计，古巨蜥的体重约为2吨

数据	
分类	有鳞目巨蜥科
年代	更新世
分布地区	澳大利亚
大小	全长约8米

【巨猿】

| Gigantopithecus |

虽然仅发现了部分牙齿和下颚，但据估计它们的最大长度可达3米，是史上最大的类人猿。有一种理论认为，它们可以像大猩猩一样四足行走，主要以竹子为食。它们与亚洲的直立人在同一时期生活在同一地区。右图是它们与直立人相遇场景的想象图。

图为巨猿的下颌骨。它们大约在30万年前灭绝

数据	
分类	灵长目人科
年代	更新世早期—中期
分布地区	中国、东南亚
大小	全长3米（估计）

【巨颏虎】

| Megantereon |

剑齿虎的一种，主要在更新世时期繁荣的一种肉食动物，被认为是著名的斯剑虎的祖先。主要生活在非洲和欧亚大陆。拥有猫科动物中数一数二的发达肌肉，格外引人注目的犬齿可以用来切开猎物的血管，使对方因失血过多而亡。直立人也是它们的猎物。

图为巨颏虎的头骨，比现代豹子的头部还要小一点

数据	
分类	食肉目猫科
年代	上新世—更新世中期
分布地区	非洲、亚洲、欧洲等
大小	全长1.7米

观点⚡碰撞

远古人类曾经自相残杀？

毫无疑问，人类开始食肉之后改善了进化。与此同时，在某些人类遗址中还发现了一些痕迹，这些痕迹暗示着某种让人不忍直视的习惯。在西班牙北部的阿塔普尔卡，发现了与其他动物骨头混合在一起的直立人※化石。有说法认为，该化石骨骼上留有用石器切割和刨肉的痕迹，骨头的主人很可能是被其他直立人吃掉的。

※关于该遗址中的直立人，有人认为是另一种人类先驱人，也有人认为是海德堡人的祖先。

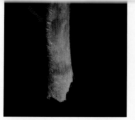

图为在大约78万年前的地层中发现的掌骨，上面留有疑似被石器削掉肉的痕迹

【泰乐通鸟】

| Teratornis |

大约在1万年前灭绝的最大秃鹰。翼展最大为4米，比现在最长1米左右。据说它们肢体强壮，可以在吃猎物时牢牢地按住猎物。主要觅食动物的尸体，擅长捕食水中的鱼类。

数据	
分类	秃鹰目畸鸟科（说法不一）
年代	更新世
分布地区	北美
大小	全长约75厘米

坐落在深山幽谷中的"奇特的岩石峰林"

武陵源

位于中国湖南省，1992 年被列入《世界遗产名录》。

在中国东南部，有一片巨大的石柱林立的地方，被称作武陵源。这一带共有 3100 多根高度超过 200 米的石英岩柱，被称为"奇特的岩石峰林"。崎岖的地形和茂密的树林，使该地区长期人迹罕至，从而保留了罕见的自然景观。浓雾笼罩的景色让人不禁联想到传说中的世外桃源。

武陵源的奇迹

黄龙洞

黄龙洞是索溪谷自然风景区的大约 40 个钟乳洞中最有名的一个，目前经确认的长度就已超过 60 千米，是一座神秘的自然宫殿。

天下第一桥

位于张家界国家森林公园内的一座天然石桥。桥高 357 米，在空中连接两端相距 40 米远的奇石。它是世界上独一无二的自然景观。

金鞭溪

从张家界国家森林公园南端向北延伸的长约 6000 米的一条溪谷。传说秦始皇不慎将兵器扔进这里，后化作石峰，得名金鞭岩。

张家界国家森林公园朦胧的景色

3 亿 8000 万年前，武陵源一带位于海底。后来，砂岩层形成了奇特的岩石峰林，并沉积在海底，从 1 亿 8000 万年前开始，由于持续的地壳运动而露出地面。后来，长年累月的风化和侵蚀作用造就了如今的地形。整个武陵源风景名胜区包括 1 个森林公园和 3 个风景区，在这里生活着 3000 多种植物和 116 种动物。

太阳黑子

黑子的数目可以预测经济走向或地震吗？

从而影响地球的经济周期变化和大地震的发生。事实果真如此吗？！

有一种理论认为，出现在太阳表面的黑子，以11年为活动周期增减数量，

太阳是一颗由在其中心引起核聚变的气体组成的恒星。

19世纪著名的英国经济学家威廉·杰文斯在1878年提出了一种非常有创意的理论。

基于1721年至1857年的经济数据，他发现太阳黑子的周期与欧洲的经济周期几乎相同。杰文斯在科学期刊《自然》上发表了一篇题为"商业危机与太阳黑子"的论文，称在黑子数量减少时，经济会出现衰退，而增多时会出现经济扩张。这是因为，通过东印度公司影响经济走向的印度和中国的粮食多产地区的降雨量增减与太阳黑子的周期相关。

大多数学者都认为这是一个荒谬的理论而不予理会。但是，后来也有一些经济学家的理论认为应该支持太阳黑子理论。黑子周期，即照射在地球上的紫外线量的增加或减少，影响了人们的心理，也影响了经济等等。

那么，太阳黑子到底是什么呢？

黑子的减少会导致地球寒冷化？

太阳比地球大约100倍，其质量的73%以上由氢组成，其余大部分由氦组成。中心的核聚变反应产生的大量热能被转换为电磁波，并从辐射层传递到对流层和太阳表面。

在表层的色球层和日冕层中错综复杂地缠绕着无数磁力线，而黑子是指一圈圈的闭合束状磁力线成为切口的地方。它的特征是磁场极为强烈。太阳表面的爆炸现象，被称为太阳耀斑，通常发生在黑子附近，这是因为磁能存储在黑子附近。

黑子的数量一直在发生变化。它通常以11年为活动周期出现增减，这是由一位德国的业余天文学家在1843年发现的。此外，根据欧洲的观测记录，1640年到1710年之间，黑子的数量极少。有趣的是，在这70年间，欧洲一直处于"小冰河时期"。也正是在这段时间里，可怕的传染病鼠疫肆虐，据说该疾病的流行与低温有关。并且，在使用放射性碳带来追调查过去1000年中黑子的数量时，发现黑子的减少与地球的寒冷化密切相关。黑子数量越少，到达地球的太阳能就越少。

黑子数量多的时期，会给地球带来怎样的影响？

在这种情况下，也许不能说杰文斯的

图为英国经济学家威廉·杰文斯（1835—1882）。在通过分析货币和经济周期而出名后，他发表了《太阳黑子理论》。他曾是一名热爱自然科学的男孩，这或许是他提出这一独特理论的基础

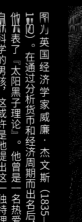

图为以倡导日心说而闻名的伽利略·伽雷（1564—1642）。他在西方首次发现了太阳黑子。他用自己设计的望远镜观察黑子，留下了草图，并留下了太阳大约一个月旋转一圈的记录

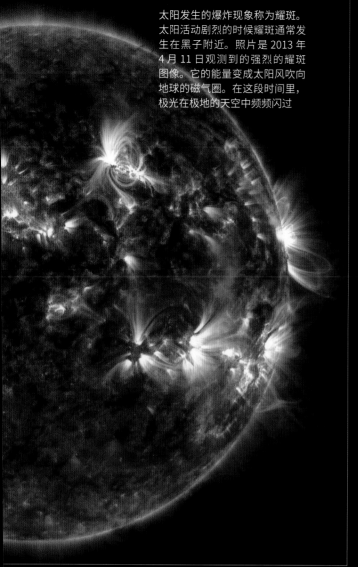

太阳发生的爆炸现象称为耀斑。太阳活动剧烈的时候耀斑通常发生在黑子附近。照片是2013年4月11日观测到的强烈的耀斑图像。它的能量变成太阳风吹向地球的磁气圈。在这段时间里，极光在极地的天空中频频闪过

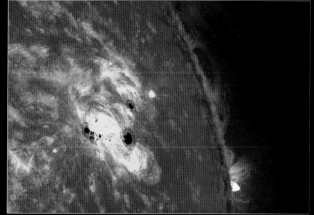

图为在2013年2月19—20日观测到的黑子图像。其温度根据黑子大小等因素的不同而不同，但一般温度在4000摄氏度左右。太阳表面的温度约为5500摄氏度，由于它的温度低于太阳表面温度，所以看起来呈黑色

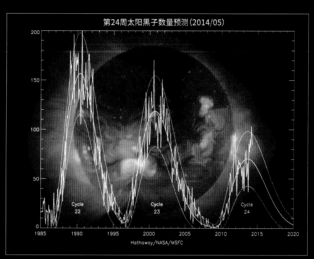

第24周太阳黑子数量预测(2014/05)

Cycle 22　Cycle 23　Cycle 24

1985　1990　1995　2000　2005　2010　2015　2020

Hathaway/NASA/MSFC

图为美国国家航空航天局记录的此前的黑子周期以及对今后的预测。纵轴表示黑子的数量，横轴表示时间（年）。根据历史记录，这可能是过去200年以来规模最小的太阳活动。在计划人造卫星轨道和任务时，了解太阳活动的周期十分有必要

"太阳黑子理论"是荒谬之谈。近年来，一些经济学家发展了这一理论，提出与人类的衣食住相关的农产品和水产品以及化石燃料的消费倾向与黑子的11年活动周期有关。

另外，根据太阳物理学家的说法，人造卫星观测到的全球云量每11年出现增减，这与黑子的周期一致。也就是说，在黑子少的时期，地球上的云量增加了。为什么会出现这种情况呢？这似乎与来自银河系"宇宙射线"的量有关。随着黑子数量的增加，到达地球的宇宙射线量会减少，而随着黑子数量减少，宇宙射线量会增加。也有说法认为宇宙射线的这种增减与云量的增减相关，也可以认为"黑子数量少→宇宙射线的量增加→云量增加→太阳能量难以到达而出现寒冷化"等。

除此之外，还有观测结果显示，随着黑子的减少，宇宙射线量增加，地表上的雷电次数也会增加。宇宙射线使大气中的分子电离，使得电流更容易流动。此外，也有研究数据表明，当黑子数量较少时，大地震发生频率增加。2011年的东日本大地震也发生在黑子较少的时期。

那么，当前的黑子周期是怎样的情况呢？

从2008年开始进入了一个新的周期，黑子数量本应急剧增加。但是，黑子的数量并不符合预期。日本国家天文台在2012年宣布，太阳磁场可能出现四极，而不仅是南北两极。太阳似乎将成为一个前所未有的复杂结构。2014年5月，根据美国国家海洋和大气管理局的说法，"太阳活动已经达到了顶峰"。人们认为今后黑子数量将会减少。地球也有可能因此出现寒冷化，即相当于之前的小冰河时期。

关于太阳黑子，依旧是谜团重重。

太阳的构造

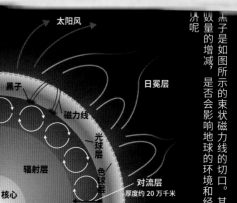

太阳风

黑子　磁力线　日冕层

光球层　色球层

辐射层　对流层　厚度约20万千米

核心

黑子是如图所示的束状磁力线的切口。数量的增减，是否会影响地球的环境

Q 直立人为何会灭绝?

A 关于直立人灭绝的原因众说纷纭。有的说法认为，他们是被具有发达的大脑、能够使用先进技术和流利地用语言进行沟通的现代人类（智人）淘汰了；有的说法认为是因为他们无法适应冰期的极端自然环境变化；还有说法认为，冰川的扩大使得他们可食用的动物数量减少，导致他们陷入了粮食短缺的状态；另外，也有说法认为他们并未对现代人带来的源于非洲的热带病原体产生抗体。直立人的命运或许是由以下因素决定的：他们的语言不及现代人类发达，其作为社会群体集体应对危机和危险的能力薄弱。

Q 人类是从什么时候开始说话的?

A 我们难以从解剖学的角度确定人类开始说话的时间。这是因为被称为"喉头"的这一具有发声功能的器官是由软组织构成的，无法变成石化。尽管如此，我们仍可以从与发声和发音相关的舌骨等部位的解剖学分析，以及脑部的发达程度等信息中获取线索。例如，语言沟通需要用肺部呼吸，振动声带，以及活动嘴巴周围的肌肉和舌头，这些操作都是由小脑控制的。对头骨化石的分析表明，200万年前的早期人类的小脑比类人猿更为发达，并且具有身体结构上的发声系统。负责调节呼吸的神经，作为发声功能的基础，一般认为是自直立人以后开始发展起来的。但是，即使具有发声系统，也不能确定是否可以真正地说话。另一方面，有关基因领域的研究近年来也变得活跃起来。促进大脑皮层中与语言习得相关部分发育的，是一种被称为FOXP2的基因，研究发现该基因发生变异的时期与现代人类（智人）出现的时期相吻合。实际上，人类从进入智人时代开始大脑得到迅速发展，据说，语言能力也在这一时期出现爆炸式发展。

图为在西班牙阿塔普尔卡遗址中发现的舌骨化石，一般认为是由海德堡人埋葬在这里的。他们能够说话吗

Q 人类是从什么时候开始做饭的?

A 人与动物之间的决定性差异之一就是人能够烹煮通过采摘和狩猎获得的食物。烹饪这一生活习惯通过火的使用一直延续下来。那么，人类是从什么时候开始用火的呢？实际上，因为年代难以确定，无法得知明确的时间。因为使用火的痕迹经常会被风和雨水扑灭并消失，而且很难与火山活动或雷击等引起的自燃现象区分开来。但是，许多残留的痕迹表明，可能在直立人时代就存在使用火的行为。比如，在发现北京晚期猿人的周口店遗址中，找到了烧过的骨头、烧过的碎石加工品和火炉等痕迹。在非洲找到了烧过的橄榄、大麦和打火石等。这些痕迹表明，直立人可能是第一个用火进行烹饪的"厨师"。加热食物有很多好处。加热引起的化学反应会提升食物的滋味。更重要的是，加热使蛋白质变性，淀粉会变成胶状，变得更软。这使得食物更容易食用，而且更易于消化和吸收。有说法认为，烹煮食物促进了消化器官的缩小。能够有效地摄取能量之后，人类变得更加活跃，并且在与其他动物的生存竞争中获胜。

图为在中国北京的周口店遗址进行调查时的场景。在2009年的调查中发现了烧过的骨头、石头和灰烬等痕迹，这被视为北京晚期猿人用火的有力证据

Q 直立人把非洲的肉食动物逼到绝境?

A 直立人可能是一个"猎人"，他们比我们之前想象的需要消耗更多的肉类。在远古的非洲生活着比现在种类更为繁多的肉食动物，如剑齿虎、熊狗，以及豹子大小的鼬科动物等。根据瑞典自然历史博物馆的古生物学家拉兹·华德林等人的研究表明，大约自190万年前直立人出现开始，这些肉食动物的数量就开始减少，其中许多都已灭绝。其中一个假设是，可能是由于直立人积极地进行狩猎，使得其他肉食动物的猎物减少，并最终走向灭绝。

智人登场

20 万年前—1 万 3000 年前

[新生代]

新生代是指从 6600 万年前开始持续至今的时代。在这一时期, 哺乳动物、鸟类以及被子植物等取代中生代的恐龙, 迎来了全盛时期。不久, 在它们之中, 一个新的角色隆重登场, 那就是我们——人类。

第 67 页　图片 / 阿玛纳图片社
第 68 页　图片 / 马场悠男
第 70 页　插画 / 月本佳代美 描摹 / 斋藤志乃
第 73 页　图片 / PPS
第 74 页　图片 / 大卫·L. 布里尔
　　　　　图片 / PPS
　　　　　图片 / 挪威卑尔根大学教授克里斯托弗·亨歇尔伍德
第 75 页　图片 / 挪威卑尔根大学教授克里斯托弗·亨歇尔伍德
　　　　　图表 / 三好南里
第 76 页　图片 / 英国自然历史博物馆 / 阿拉米图库
　　　　　图片 / 约翰·沃伯顿 - 李 摄影 / 阿拉米图库
　　　　　图片 / PPS
第 77 页　图片 / 萨贝娜·简·布莱克伯德 / 阿拉米图库
　　　　　图片 / 美国自然历史博物馆
　　　　　图片 / PPS
第 79 页　插画 / 真壁晓夫
第 80 页　图片 / 123RF
　　　　　图片 / 牛津大学库尔努尔地区考古项目
　　　　　图表 / 三好南里
第 81 页　图表 / 三好南里
　　　　　图片 / PPS
第 83 页　插画 / 石井礼子
第 84 页　图表 / 三好南里
　　　　　图片 / PPS
第 85 页　图表 / 三好南里
　　　　　图片 / PPS
第 86 页　地图 / C-Map
　　　　　图片 / 日本国立科学博物馆
　　　　　图片 / 汤姆·D. 迪勒海
第 87 页　图表 / 三好南里，转载自《人类基因之旅》（2012）
　　　　　图片 / 日本国立科学博物馆
第 88 页　图片 / PPS
　　　　　图片 / 凯利·格拉夫教授
　　　　　地图 / C-Map
第 89 页　图片 / PPS
　　　　　图片 / 汤姆·D. 迪勒海
第 90 页　图片 / 图宾根大学希尔德·詹森
　　　　　图片 / PPS
　　　　　图表 / 斋藤志乃
第 91 页　插画 / 斋藤志乃
　　　　　图片 / 日本国立科学博物馆
　　　　　图片 /© 法国国家博物馆联合会—法国大皇宫 / 杰拉德·布洛 / 法国博物馆图片代理
　　　　　图表 / 三好南里
　　　　　图片 / PPS
第 92 页　图片 / PPS
第 93 页　图片 / 迈克尔·梅尔佛德 / 国家地理创意 / 阿玛纳图片社
第 94 页　图片 / PPS
第 95 页　图片 / PPS
第 96 页　插画 / 石井礼子
　　　　　图片 / PPS

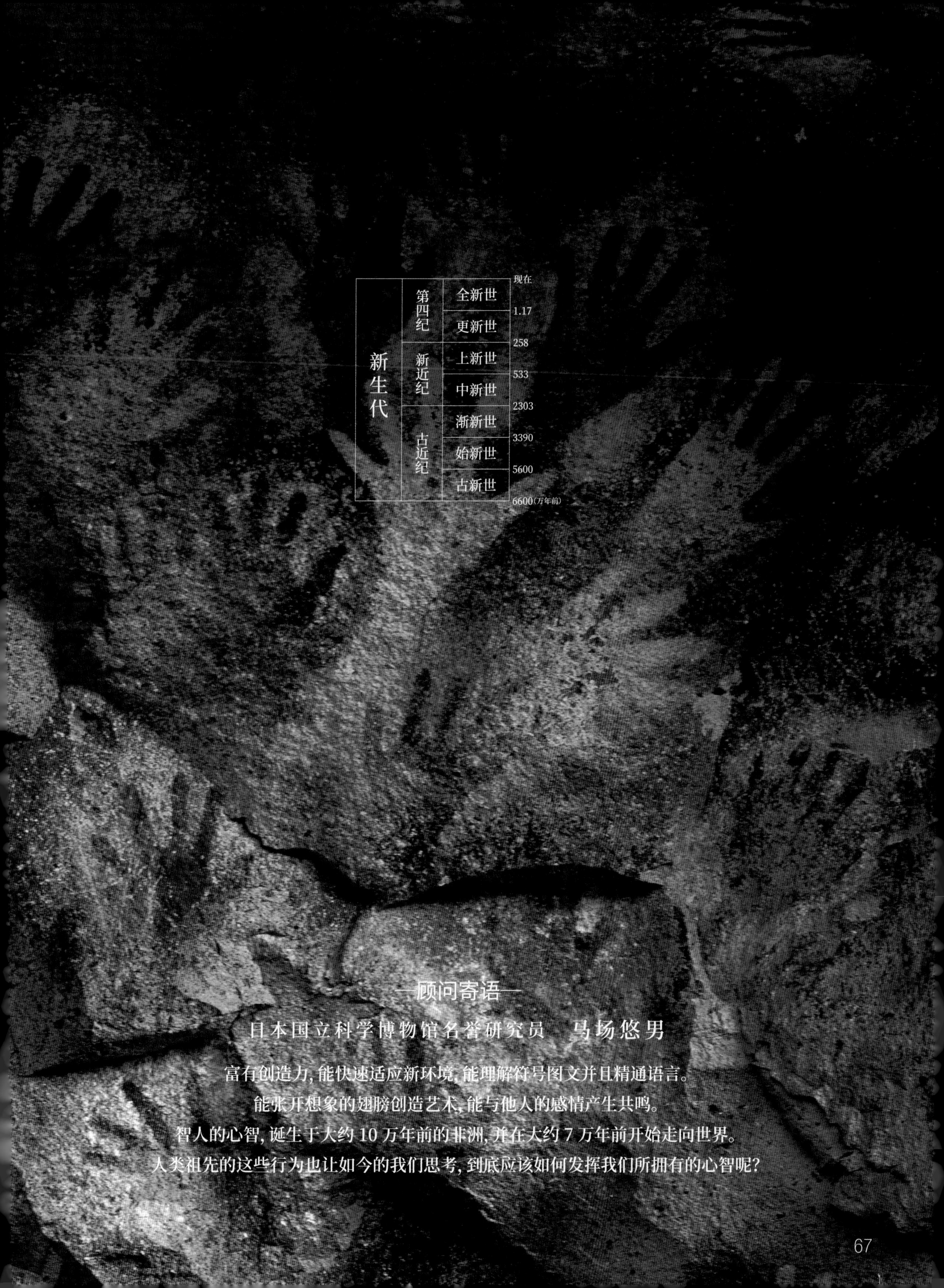

新生代			
第四纪	全新世		现在
	更新世		1.17
			258
新近纪	上新世		533
	中新世		2303
古近纪	渐新世		3390
	始新世		5600
	古新世		6600(万年前)

——顾问寄语——

日本国立科学博物馆名誉研究员　马场悠男

富有创造力，能快速适应新环境，能理解符号图文并且精通语言。

能张开想象的翅膀创造艺术，能与他人的感情产生共鸣。

智人的心智，诞生于大约 10 万年前的非洲，并在大约 7 万年前开始走向世界。

人类祖先的这些行为也让如今的我们思考，到底应该如何发挥我们所拥有的心智呢？

智 人 的 发 源 地

我们今天的人类属于人属下的唯一现存物种智人种。这里是位于埃塞俄比亚北部的阿法尔洼地，被视为智人的发源地之一。在人类的历史上，智人可以说是一个不同寻常的存在。大约 20 万年前诞生于非洲的智人如今几乎分布在地球上的每一寸土地，总数超过 70 亿。除了智人之外，再没有第二个物种能够在如此广阔的范围内蓬勃发展、繁衍生息。大约 7 万年前，智人开始走向世界，开始了从非洲大陆至南美大陆最南端，全长约 3 万 3000 千米的漫漫旅途。他们翻山跨海，穿越冻土，他们的足迹和我们如今的繁荣密切相关，一切都从这里开始。

埃塞俄比亚的阿法尔洼地

位于非洲大陆的大裂谷地带，横跨埃塞俄比亚、厄立特里亚、吉布提和索马里这 4 个国家。这里是世界上屈指可数的人类化石出产地之一，在流经阿法尔洼地的阿瓦什河中部流域的赫尔托附近，发现了堪称世上最古老的约 16 万年前的智人化石，该地区因此成为智人的发源地之一。

远古的 创造者

在一个洞口大开的洞穴中，燃烧的火堆照亮了几个智人。这是大约7万5000年前，位于南非共和国南端的布隆伯斯洞穴中的景象。其中一个智人手握石器，正在一小块天然赭石上刻画格子状的图案。虽然我们不清楚这样做的目的，但我们知道这是某种情感的表露。可以说，促进当今人类繁荣发展的重要因素之一就是"创造性地发展文化的能力"。感性地思考，有目的性地表现，这些行为是这种能力的最基本要素。7万5000年前，我们的祖先所刻画的这些线条或许可以算是延续至今的文化的起点。

小块氧化铁
（赭石）　　贝壳项链

颜料

智人的诞生

终于轮到"我们"在地球上登场啦。

智人在非洲的大地上诞生

自诞生以来，人类发展出多个种类，生命绵延不断。但在诸多种类中只有一个生存至今，那就是拥有抽象性思维、具有卓越才能的智人。

能适应新环境的新人种

人类和黑猩猩起源于同一祖先，但大约在 700 万年前，人类在非洲与黑猩猩分道扬镳，开始独立进化。"人"之所以能成为"人"，除了双足直立行走等多种因素，最重要的一点是具有"创造性"。

一直到目前为止，"创造力大爆发"仍为主流学说。该学说认为，早期人类的创造力长期停滞不前，在大约 4 万年前开始出现爆发式提高。这是因为在欧洲多地发现了远古人类的洞窟壁画，创作的时间大多为约 4 万年前。但是，随着研究的不断深入，科学家们发现，早在几十万年前人类的创造力就已经开始逐渐提高。

大约 20 万年前，发生了人类进化过程中的一件大事。以这一时期为界，非洲开始出现具有全新特征的人类。他们拥有能熟练使用复杂工具的智慧，颌部后缩，体形修长。他们，就是现在地球上所有人类的祖先——智人。

当时，晚期猿人和早期智人仍然存在，但是没过多久便消失灭绝，只有智人繁荣发展，繁衍至今。这究竟是为什么呢？

人类进化示意图

我们智人所特有的能力被称为"现代人的行为能力"，例如"抽象性思维""发明能力""有目的性的行为能力"等。早期人类所缺乏的行为能力随着人类的进化发展逐渐显现出来。

智人的诞生

杰出的文化能力引导智人走向繁荣

我们来自哪里？

关于这一问题的答案，曾经的说法认为现代人极有可能是晚期猿人和早期智人扩张至亚洲及欧洲，并在每个地区发展进化而来的。也就是说，在欧洲，尼安德特人（早期智人的代表）进化发展为现代欧洲人。在亚洲，北京猿人（晚期猿人的一种）进化发展为现代东亚人。不过，到了 20 世纪后半期，随着 DNA 研究技术的飞速发展，发现智人的起源地在撒哈拉以南的非洲地区。并且，在埃塞俄比亚的赫尔托等地发现了最古老的智人[注1]化石，进一步提供了化石方面的佐证。所以，现在普遍认为，智人最早诞生于非洲，之后向世界各地扩散。

在埃塞俄比亚的赫尔托发现的智人

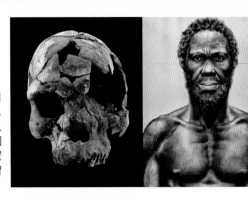

这组几乎完整的头骨化石是目前已确认的最早的智人化石。这种长者智人相较于晚期智人保留着更多的原始特性。右图为模拟复原图。根据同一位置发现的骨骼化石推断，长者智人会以河马肉为食。

7 万 5000 年前的杰出"创造者"

早期的智人是什么样子的呢？从赫尔托发现的智人化石来看，其脑容量略大于现代人，为 1450 毫升，体形与现代人相差无几。他们集群聚居，以狩猎、植物采摘以及之前从未有过的捕捞等方式为生。各种各样的工具丰富了他们的生活。越是后期的人种使用的工具种类就越丰富，不过，显然其中要数智人最为优秀。

在位于南非共和国南部海岸的布隆伯斯洞窟中，发掘出了以高超工艺制成的左右对称石器、用骨头制成的骨器以及烹调炉灶等大约 10 万年前—7 万 5000 年前的智人的遗迹。这充分说明智人是杰出的创造者。在这些遗迹中，尤为重要的是可用作天然颜料的赭石[注2]碎片。

赭石的表面已经被打磨光滑，上面刻着连续的斜格子图案。而这个被认为不如矛头、锥子等物品实用的加工品，或许正是智人拥有前所未有的新能力[注3]的象征。

"人"之所以能成为"人"

我们可以把头脑中设想的事

智人遗迹

图中标注了早期智人留下遗迹的位置。在埃塞俄比亚的奥莫基比什发现了比赫尔托出产的智人化石更早的约19万5000年前的智人头骨碎片。

达鲁埃斯梭路塔努
特马拉
杰贝尔伊罗

斯虎尔洞穴
卡夫泽洞穴
塔拉穆萨

非洲

赫尔托
奥莫基比什
孟巴石窟
利特里

弗洛里斯巴

尖峰点
布隆伯斯洞窟
德克达斯

博德洞窟
哈斯洞窟
克拉西斯河口洞窟

早期智人的现代性行为痕迹

智人的骨骼化石记录可追溯至 19 万 5000 年前，但其现代性行为的起源仍尚未明确。至少在 10 万年前左右，他们就已经能够对工具进行改良，开始进行交易并且会埋葬死者。

刻有线条的赭石
在布隆伯斯洞窟中发现了 8000 余块赭石，其中有 2 块上面刻有线条。这些包含意图的线条是当时的人类使用符号的一个证明。

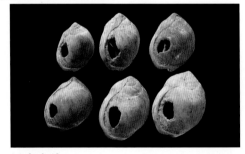

贝壳串珠
在布隆伯斯洞窟中还发现了长约 1 厘米的海螺，每个海螺上的孔眼都挖在相同的位置。从大小上判断这种海螺并不适合食用，因此可能是装饰用品。

埋葬的习惯
在位于以色列的卡夫泽洞穴中发现了大约 10 万年前的人体骨骼，胸口盖着鹿角。最具说服力的说法是这是当时埋葬死者的遗迹。这表明当时的人类已经开始萌发宗教意识。

洞穴里的土壤呈碱性，非常适合古物的保存。

古人类学的圣地布隆伯斯洞窟

在这纵深 6 米、高约 3～5 米的洞穴中，与人体有关的发现虽然只有 7 颗牙齿遗骸，但另外还发掘出了石器、骨器、炉灶以及饰品等多种古物。专家推测当时约有 30 人群居于此，洞穴周边有象、河马和犀牛等多种动物活动，在邻近海边也能捕捞到各种鱼虾海贝。图为进行考古调查时的场景。

物用图像、记号以及声音等形式表现出来。这一行为被称为"符号的使用"。当我们品尝美食时，可以和邻座的人分享感受，这也是一种"符号的使用"。虽然我们无法得知刻在赭石上的格子图案的意义，但可以确定这种规律性里一定包含着某种意图。也就是说，这个图案很有可能就是早期的智人所使用的某种符号。

事实上，符号的使用正是智人走向繁荣的最重要因素之一。将个人体验和想法用记号和图像等符号保存下来，就能与他人共享，流传到下一代。比如，在掌握候鸟迁徙的季节规律和会结果实的植物种类后，狩猎和采摘的效率会大大提高。通过不断的积累，文化得到发展，最终迎来文明的诞生。

科学笔记

【智人】 第74页 注1
学名为 Homo sapiens sapiens（现代人）。由生活在60万年前—20万年前的海德堡人进化而来。扩散至全球的70亿晚期智人无关肤色，全部属于智人这一人种。

【赭石】 第74页 注2
赭石是自然界中具有代表性的颜料原料，主要成分为氧化铁。将其磨成粉末可作人体绘画、服饰皮革染色和绘制壁画等。布隆伯斯洞窟中发掘出的赭石有黄褐色、红色等，其中红色赭石的使用频率最高。

【新能力】 第74页 注3
以符号使用为代表的智人特性在专业术语中被称为"现代人的行为能力"。意为智人之前的人类所不具有的、与现代人相似的行为特性。大致分为"抽象性思维""有目的性的行为能力""行为上、经济活动上、技术上的发明"以及"符号的使用"四大特性。但是，近期有研究表明尼安德特人在某种程度上也具有现代人的行为能力。

近距直击

促使人类进化的基因

人类在灵长类动物中虽然是一种特殊的存在，但从染色体组（基因组）来看，我们与近亲黑猩猩的相似度高达99%。也就是说，剩下的1%里写着我们之所以能进化成人类的重要信息。让我们一起来看看人类所特有的几种基因吧。

FOXP2
即叉头框P2基因，负责控制语言表达。通过语言表达使沟通交流成为可能。

HAR1
促进大脑皮质的发育，以管控人类特有的思考和论证能力等。

HAR2
关系着手部关节的灵活性。手指灵活使复杂工具的使用成为可能。

AMY1A
淀粉酶，可促进淀粉消化。可能帮助早期人类扩大了饮食种类。

晚期智人的4大特点

抽象性思维
将通过五感获得的信息转换为抽象概念，并进一步做各类信息的整合，做出准确解释，创造新价值。

有目的性的行为能力
事先做好计划可以提高生产率，完成高难度工作。通过远距离交易、海产资源的利用以及农业等新方法获取食物。

发明
几乎无限地创造语言和物品，使概念具体化。利用动物毛皮御寒、造船跨海等行为都对技术的进步起到了重要的促进作用。

符号的使用
将真实信息和想象中的认识体验转化为图像、记号、身体装饰以及声音等形式，便于记忆或传达给他人，与他人共享。

地球进行时！

与早期智人过着相似生活的哈扎族人

我们的祖先是怎样生活的呢？在现今的坦桑尼亚灌木丛地带生活着一群哈扎族人，他们的生活方式与早期的智人极其相似。

哈扎族人不农耕，不饲养动物，居无定所。他们用以动物韧带为弦的弓箭狩猎，采集蜂蜜和野生根茎，在外野营。如今，坚持以原始的狩猎采集方式生活的民族已极其稀少，人类学家也密切关注着他们的动向。但是，受到周围环境现代化的影响，哈扎族人的生活范围正在不断地缩小。

图为哈扎族男子，哈扎族目前的人口总数约为1000人

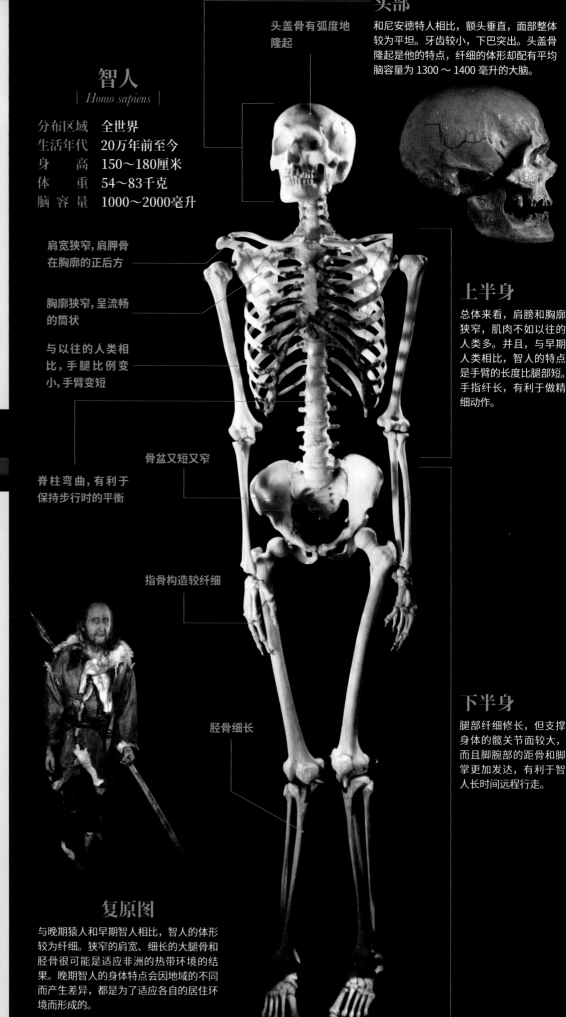

头盖骨有弧度地隆起

头部
和尼安德特人相比，额头垂直，面部整体较为平坦。牙齿较小，下巴突出。头盖骨隆起是他的特点，纤细的体形却配有平均脑容量为1300～1400毫升的大脑。

智人
| *Homo sapiens* |

分布区域	全世界
生活年代	20万年前至今
身　　高	150～180厘米
体　　重	54～83千克
脑 容 量	1000～2000毫升

肩宽狭窄，肩胛骨在胸廓的正后方

胸廓狭窄，呈流畅的筒状

与以往的人类相比，手腿比例变小，手臂变短

骨盆又短又窄

脊柱弯曲，有利于保持步行时的平衡

指骨构造较纤细

胫骨细长

上半身
总体来看，肩膀和胸廓狭窄，肌肉不如以往的人类多。并且，与早期人类相比，智人的特点是手臂的长度比腿部短。手指纤长，有利于做精细动作。

下半身
腿部纤细修长，但支撑身体的髋关节面较大，而且脚腕部的距骨和脚掌更加发达，有利于智人长时间远程行走。

复原图
与晚期猿人和早期智人相比，智人的体形较为纤细。狭窄的肩宽、细长的大腿骨和胫骨很可能是适应非洲的热带环境的结果。晚期智人的身体特点会因地域的不同而产生差异，都是为了适应各自的居住环境而形成的。

头部
相对于身体比例来说，头部较大，平均脑容量略大于晚期智人，为1475毫升。眉骨部分突出，眼窝隆起。此外，头后部也较为突出，鼻部较大。

眉骨突出，
眼窝大而圆

尼安德特人
| Homo neanderthalensis |

分布区域	整个欧洲至西南亚地区
生活年代	30万年前—2万8000年前
身　　高	152～168厘米
体　　重	55～80千克
脑 容 量	1200～1750毫升

下巴不前突

上半身
和晚期智人相比，上半身的特点是锁骨非常长，胸部宽而厚。并且，肩胛骨宽大。相应地，肌肉也较为厚实，摇摆上臂的力度很大。

锁骨左右宽度大

胸廓底部外扩

和晚期智人不同，
前臂比上臂短

大拇指长，
握力大

骨盆比
晚期智人宽

膝盖的关节
面较大

下半身
从上下半身的比例来看，下半身较之晚期智人略短，并且骨盆较宽。从膝盖的关节面变大这一点可以推测出进行狩猎等剧烈活动较多。

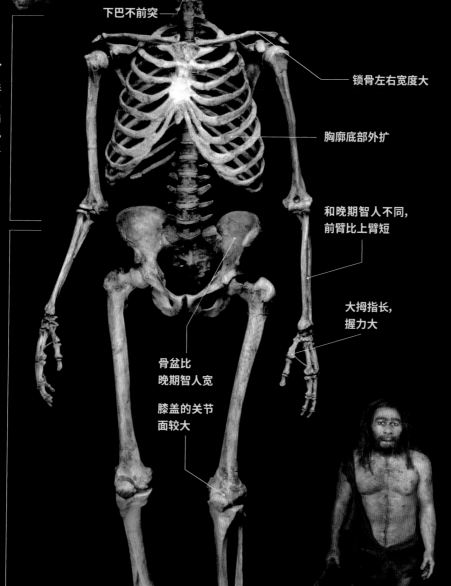

复原图
矮小健壮的身形特点使得体温消耗较慢，能够适应欧洲冰川时期的寒冷生活。经推算，为了维持这样的体形，尼安德特人每天需要的能量比晚期智人更多。

脚面宽大，以便
适应山野间的长
时间行走

晚期智人与早期智人的完整对比！

如今，晚期智人的人口总数已经超过70亿。与已经灭绝的晚期猿人和早期智人相比，他们之所以能走向繁荣，主要原因是很早就具备了抽象性思维能力和出色的发明能力。那么，在身体构造上，他们与以往的人类有着怎样的差异呢？尼安德特人被称为晚期智人最近的"近亲"，他与晚期智人之间又有哪些不同呢？我们来做一下比较吧。

人类灭绝危机

超级火山爆发 曾让人类濒临灭绝？

一不小心，我们就会从地球上灭绝哦。

如今，人口增长过剩已经成为一大问题，『晚期智人的灭绝』这一说法在今天也许并不具有现实意义。但是，在大约7万4000年前，刚诞生不久的晚期智人可能曾一度面临灭绝的危机。

DNA上留下的灭绝危机的痕迹

大约20万年前，非洲大陆上开始出现智人。大约7万年前，他们正式开始向非洲大陆以外的地方扩张。目前，通过考古仅发现了他们扩张前的零散痕迹，关于这段历史的细节并不清楚。不过，通过对现代人的DNA进行研究后发现，极有可能在那个时期发生了一个大事件。

如今，现代人（晚期智人）的人口数已超过70亿。虽然现存的大猩猩只有11万3000只，但大猩猩的基因多样性却胜过晚期智人。这一数据也恰好验证了当时人口数急剧下降的可能性。晚期智人在某一时期，可能面临着存活数量甚至低于大猩猩的灭绝危机。

关于原因，说法多种多样。其中，最著名的要数"多巴巨灾理论"。大约7万4000年前，印度尼西亚的多巴火山发生了近10万年来最大规模的火山爆发活动。喷发出来的火山灰和硫磺烟雾遮挡住阳光，严寒的环境给晚期智人带来了巨大的打击。据估计，这次火山爆发使得晚期智人的人口数下降到了1万以下。

山爆发，强度为火山爆发指数（VEI）的最高等级8级。据推算，当时喷发了2800立方千米的岩浆。这次爆发导致多巴火山消失，并形成了总面积达1100平方千米的世界最大火山湖多巴湖。

多巴火山爆发的模拟图

大约7万4000年前，多巴火

现在
我们知道！

人口减少的原因是全球变冷？DNA 研究给出了另一种解释

多巴火山爆发后形成的多巴湖
位于印度尼西亚苏门答腊岛北部的多巴火山如今已成湖泊。那场巨大的火山爆发后，破火山口中不断积水，形成了如今的多巴湖。它是世界上最大的火山湖，面积大约是日本琵琶湖（日本境内最大的湖）的 1.6 倍，最深处可达 530 米。

在印度发现的火山爆发证据
多巴火山喷发的火山灰覆盖范围广，在 2400 千米之外的印度洋北部海底发现了约 30 厘米厚的火山灰堆积层。图为位于印度南部加拉普姆的约 15 厘米厚的火山灰堆积层。

位于印度尼西亚苏门答腊岛北部的多巴湖总面积达 1100 平方千米，是世界上最大的火山湖。因为面积太大，即使站在岸边也看不出这里曾经是一座山。大约 7 万 4000 年前的那场巨大火山爆发让那座山消失了，喷出的岩浆足以填满边长约 14 千米的立方体。飞扬的火山灰覆盖范围广，甚至在北极圈的格陵兰岛都发现了火山灰痕迹。这场喷发确实是地球史上为数不多的大型灾害之一。

受巨大火山爆发影响，气温竟下降 10 度？

1998 年，伊利诺伊大学的人类学学者史坦尼·安布鲁士提出了多巴火山爆发与现代人类遗传基因多样性低下有关这一假说，即"多巴巨灾理论"。大致内容就是受火山喷出物影响，地球平均气温下降。如今随着研究的不断深入，学者们有各种不同见解，接下来就让我们一起来看看最具代表性的说法吧。

全球变冷的"罪魁祸首"就是火山喷出物中的硫磺。硫磺到达平流层与大气中的水产生反应形成硫酸盐气溶胶[注1]，进而形成较厚的云层，只用了十几天就覆盖住了整个地球。云层挡住阳光，导

过去20万年间的气温变化

众所周知，冰河时期是寒冷冰期与较温暖的间冰期的反复。多巴火山的爆发发生在末次冰期中期。正是从这一时期开始地球的平均气温开始明显下降。

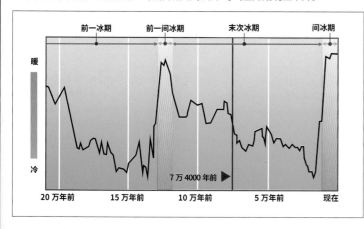

什么是DNA"瓶颈现象"？

如果具有多种基因的动物个体数量因某种原因而减少，那么遗传基因多样性也会随之减少。之后即使数量回升遗传基因多样性也无法恢复。个体数量的减少看起来就像是基因通过细瓶颈，因此被称为"瓶颈现象"。

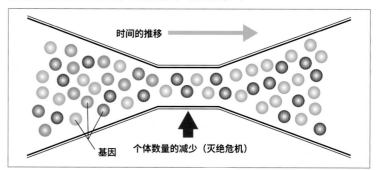

致地球平均温度下降了 10 ～ 15 度。也就是说火山爆发虽与陨石撞击不同，但其产生的影响和恐龙灭绝时期是相同的。持续了 6 年以上的寒冷期到底发生了怎样的变化呢？假设现在地球平均气温下降 10 度，那么亚极地和寒带约 50% 的针叶林将会枯死，其他地区的植物也将遭受毁灭性破坏。若在 7 万 4000 年前发生这样的事情，随着植物的枯死草食动物和肉食动物也会产生连锁反应导致数量锐减，当时生活在非洲的晚期智人将会面临食物极度短缺的问题。因此当时的人口数下降到了 1 万以下。

人口若减少了遗传基因多样性也会随之减少。如此一来，就算人口开始增加，基因也是在有限的范围之内进行组合，并不能恢复其多样性。这就是遗传基因多样性低下的原因，被称为"瓶颈现象"。

关于灭绝危机众说纷纭

但是，也有很多学说反对"多巴巨灾理论"。例如，有人认为无论多么巨大的火山爆发，也不会产生足以在全球范围内引发寒冷化的硫磺。虽然在印度南部的加拉普姆发现了火山爆发时喷发出的厚约 15 厘米的火山灰堆积层，但在其上下地层都发现了石器。这说明火山爆发对周边的人类并没有造成太大影响。

◻ 从民族来看古代人口变动

通过分析萨恩族以及汉族等民族的人类基因组得出的人口增减图。该图表的推测年代跨度较大，显示了约 20 万年前或约 7 万年前开始出现的人口减少现象。如果是约 7 万年前，则与晚期智人从非洲大陆向外扩张的时期重合。

有学说认为直立人等人种的灭绝也和环境变化有关！

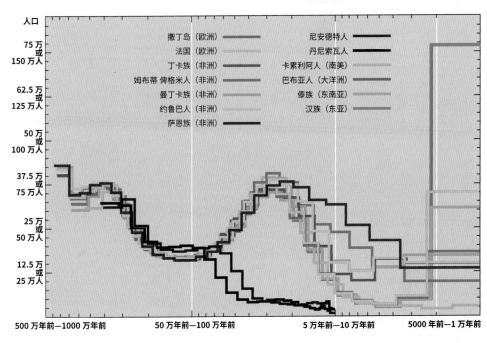

图例：
撒丁岛（欧洲）　法国（欧洲）　丁卡族（非洲）　姆布蒂 俾格米人（非洲）　曼丁卡族（非洲）　约鲁巴人（非洲）　萨恩族（非洲）　尼安德特人　丹尼索瓦人　卡累利阿人（南美）　巴布亚人（大洋洲）　傣族（东南亚）　汉族（东亚）

纵轴（人口）：75 万或 150 万人 / 62.5 万或 125 万人 / 50 万或 100 万人 / 37.5 万或 75 万人 / 25 万或 50 万人 / 12.5 万或 25 万人

横轴：500 万年前—1000 万年前　50 万年前—100 万年前　5 万年前—10 万年前　5000 年前—1 万年前

而且，马克斯·普朗克演化人类学研究所的遗传学学者盖伊·普吕弗的团队对人类基因组进行分析后，得出了不同群体的人口变化趋势，对多巴火山爆发时的人口减少问题做出了另一种解释。研究显示，确实在约 7 万年前各民族人口有减少的可能性，但这恰好与晚期智人从非洲走向世界的时间吻合。也就是说，曾经在非洲属于同一群体的晚期智人分

化成了例如萨恩族、汉族这样的具有特定基因的不同群体。如此一来，小群体的分离必然会导致人口减少。

晚期智人遭遇的灭绝危机饱受争议。虽说如此，晚期智人的遗传基因多样性确实很低，可以确定的是，在历史长河中肯定发生过某种变化。我们人类身上至今仍有许多未解之谜。

文明与地球　衣服的发明

7 万年前的严寒促进了衣物的发展？

虱子这种寄生于人体的昆虫又分为粘在头发上的头虱和附着在衣服上的体虱两种。通过对世界各地的虱子的 DNA 进行研究分析后发现，体虱在大约 7 万 2000 年前从头虱中分化进化而来。这一时期，人类为了御寒发明了衣服，由此出现了寄生在衣服上的体虱新品种。

图为显微镜下的体虱，全长 2 ～ 4 毫米，以吸血为生，离开人体后 2 ～ 3 日便会死亡。

科学笔记

【硫酸盐气溶胶】第 80 页 注 1

气溶胶是指那些飘浮在地球大气层中的微小颗粒物。除硫酸外，土壤物质以及海水盐粒等也可形成气溶胶。大气中的水蒸气以气溶胶为核形成水滴，所以当气溶胶增多便会产生大量的云。云层遮挡住阳光导致气温下降。

智人的扩张

智人横渡海洋 走向世界

现在，智人在地球的陆地上分布广泛，人口数已突破 70 亿。在 7 万年前开启了走向全球的扩张之旅。原本只生活在非洲的我们的祖先，

他们就是澳洲原住民的祖先。

只有智人实现了全世界范围的扩张

非洲，人类的摇篮。自 700 万年前与类人猿分化以来，无数人类在这里诞生。其中有几个人种已经到达了欧亚大陆。大约 180 万年前，直立人完成了史上首次"走出非洲"的壮举，这之后，大约 60 万年前，海德堡人也紧追其后。但是，他们所到达的地方仅占陆地面积的 46%。以他们当时的技术、适应能力无法跨过海洋，无法在极地生存，也无法从欧亚大陆扩张至其他大陆。

据推测，最早的智人群体在大约 7 万年前走出非洲，之后便在亚欧大陆多地留下他们的活动痕迹。大约 4 万 5000 年前他们跨过海洋来到了澳洲大陆。并于 1 万 3000 年前渡过白令陆桥到达美洲大陆。

其他人种历经 170 万年之久也没有扩散至全球，智人却花了不到 10 万年就做到了。是什么原因让他们走向成功？让我们跟随着他们的脚步一起探索吧。

智人横渡海洋的想象图

据推测，大约 4 万 5000 年前，已经扩散到亚洲的智人制造出类似于竹筏的工具。在东南亚近海地区，他们跨过海洋来到了一个又一个岛屿。与其说是为了寻找新猎场而进行的大规模迁移，不如说是一场又一场的远途旅行。就这样，他们经过一程又一程的跋涉，最终抵达澳大利亚大陆。

现在我们知道！

全面解读人类基因组，揭秘远古人类的发展历程

为了探明大约7万年前诞生于非洲的晚期智人的进化发展过程，需要寻找人骨以及石器等考古证据。在各地被发掘出的人骨以及石器等遗迹中，根据人骨所具有的人类身体特征以及石器的时间年代可以推测出人类的发展足迹。但是，这些遗迹不仅数量少，而且很多都饱受风化和侵蚀，不足以成为证明人类发展的证据。1970年代，随着分子遗传学发展的突飞猛进，学者开始了对人类基因组[注1]的分析研究，其研究结果是人类进化学的一大飞跃，具有划时代意义。

沉睡在我们身体里的远古"跨海经历"

人类基因组又称人体设计图。它就像一个信息网，含A（腺嘌呤）、T（胸腺嘧啶）、G（鸟嘌呤）和C（胞嘧啶）四种碱基在内约有30亿个DNA碱基对。晚期智人的人类基因组相似度高达99.9%，其中碱基序列较为相似的人组成一个个群体例如大和民族、汉族以及非洲的萨恩族等。这样的群体用专业术语来说就是"集体"，集体的形成经过也就是晚期智人的扩张过程。

早期的晚期智人是一个大集体，但是大约在7万年前，他们分离成一个个小集体开始向新地区扩张。于是，这些小集体的人类基因组与原来的大集体产生了些许差异。开辟了新地区的小集体人口不断增加，又分离成了一个个小集体。就这样反反复复，不仅导致了集体内部基因多样性减少，还导致集体与集体间的基因组差异越来越大。所以在对比两个现代人类集体的基因组时，差异越小说明分离年代越近，差异越大分离年代越久远。而且，通过对世界各地的集体的人类基因组进行比较调查后发现：所有的集体都起源于非洲；诞生于非洲的人类在南亚时人口数开始增加并扩张至欧亚大陆北部、美洲大陆以及大洋洲；智人不止一次"走出非洲"，极有可能分成两次进行；等等。

过去600万年间的人类分布

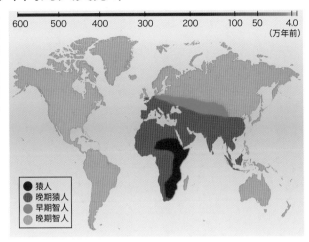

可以看出，人类越到后期分布范围越广。晚期猿人的分布区域包括猿人的分布区域，早期智人的分布区域包括晚期猿人的分布区域，晚期智人的分布区域包括早期智人的分布区域。

- 猿人
- 晚期猿人
- 早期智人
- 晚期智人

Y染色体

染色体是DNA紧密卷绕在蛋白质周围的一个线状结构。Y染色体存在于细胞核之中，因为只遗传给男性，所以通过Y染色体就可以知道父系祖先的基因。研究结果表明，远古的非洲男性就是现代人类最接近的祖先。

人体细胞的平均直径在0.01～0.02毫米之间。内部有线粒体等各种细胞器。

人体细胞

细胞核

线粒体

线粒体是一个细胞器，携带着由1万6500个碱基组成的DNA。因为线粒体遗传信息只遗传给女性，所以可以显示母系祖先的基因。研究结果表明，大约20万年前—12万年前的非洲女性就是现代人类最接近的祖先。

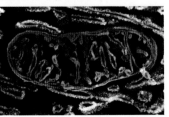

记录人类历史的细胞

人类基因组不是物质，而是通过碱基序列表示的遗传信息。携带遗传信息的DNA主要位于细胞核内部。到了20世纪，人类遗传学研究已经对细胞核内部的"Y染色体"和细胞核外部的"线粒体"DNA进行了研究分析。如今，核基因研究已经成为可能，分析结果也更为精准。

泰米尔人
分布在印度南部和斯里兰卡，属于达罗毗荼人种。大约有5000万泰米尔人居住在印度。

巴斯克人
西南欧民族，分布在西班牙东北部至法国地区。

贝都因人
分布在阿拉伯半岛和北非、叙利亚等沙漠地区。过着以驯养骆驼、山羊为主的游牧生活。

汉族
汉族在中国占总人口的90%以上，属于黄种人，是人类最大群体。

玛雅人
美洲原住民，主要分布在墨西哥南部。玛雅语为主要语言。

巴布亚人
主要分布在新几内亚，身体特征类似澳大利亚原住民。

萨恩族
生活在非洲南部的卡拉哈里沙漠的狩猎采集民族。

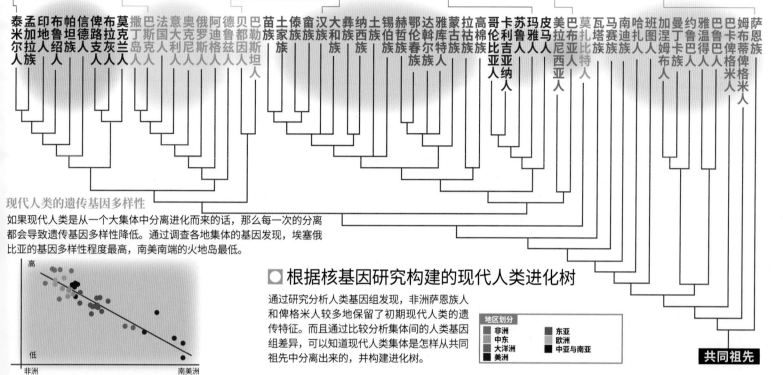

现代人类的遗传基因多样性

如果现代人类是从一个大集体中分离进化而来的话，那么每一次的分离都会导致遗传基因多样性降低。通过调查各地集体的基因发现，埃塞俄比亚的基因多样性程度最高，南美南端的火地岛最低。

○ **根据核基因研究构建的现代人类进化树**

通过研究分析人类基因组发现，非洲萨恩族人和俾格米人较多地保留了初期现代人类的遗传特征。而且通过比较分析集体间的人类基因组差异，可以知道现代人类集体是怎样从共同祖先中分离出来的，并构建进化树。

地区划分
- 非洲
- 中东
- 大洋洲
- 美洲
- 东亚
- 欧洲
- 中亚与南亚

共同祖先

阻碍人类扩张脚步的海洋和永冻土

人类扩张的具体路线是怎样的呢？近年来，沿着海岸前行的"海岸迁移说"备受关注。智人与以往的人类不同，他们能够充分利用海洋资源。如果居住在海岸附近就可以轻松获取食物，而且几乎没有山脉和森林等阻碍人类活动的天然障碍。于是，一部分智人以较快的速度迁徙到了亚洲，但是当他们继续前进时遇到了问题。

当时地球正处于末次冰期，海平面下降导致印度尼西亚多地的岛屿连成了一片陆地，但是南边与澳洲之间的海洋仍然存在。同样，从亚洲出发北上的智人遇到了西伯利亚永冻土。这两个都是直立人"走出非洲"时没能克服的障碍。

克服严酷环境的关键是晚期智人的创造性

在位于澳洲的蒙哥国家公园中发现了大约4万年前的人类遗迹。晚期智人在4万年前就已经掌握了航海技术并成功跨越海洋。虽然当时人们使用的跨海工具并没有被遗留下来，但是东南亚盛产竹子，他们极有可能是用竹子制成的竹筏跨越了海洋。这些竹筏结实牢固浮力好，因为有竹节所以可以用绳子捆绑起来。

但是为什么要冒这么大的风险去跨海呢？据说是因为当时的智人身处世界上岛屿最密集的一片海域。在那里的任何一个岛上都能看到附近的岛屿，为了开发邻岛

什么是人类基因组计划

人类基因组计划于1991年正式启动，目的在于解读人类基因组中所包含的30亿个碱基对序列，于2003年全部完成。此计划不仅有利于调查晚期智人的起源，还有利于医学领域的发展。在研究癌症基因时，只要参考人类基因组数据库就可以知道癌症基因的机能以及与其他基因之间的相互关系，这使得癌症研究有了飞跃性的发展。

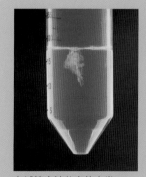

在试管中被分离的人类DNA

科技发现

所以说，"世界一家，人类皆兄弟"嘛。

智人的扩张

现代人类扩张时的东南亚

下图为现代人类扩张时东南亚至澳洲的地形图。受末次冰期的影响，海平面下降，但是爪哇岛、加里曼丹岛和澳洲之间并没有相连的陆桥，学者认为当时的人们只能通过竹筏等工具渡海。

利于极地生存的发明

为了在极寒的西伯利亚生存下去，需要下大工夫。比如功能性住所和衣物、对火的精确操控以及高效率高成功率的狩猎技术。正是能够灵活发展文化的现代人类使这些成为可能。下面就来介绍一下其中的两项发明。

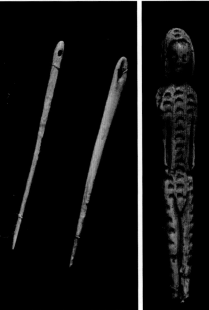

骨制的缝针和戴着兜帽的人像

防寒服的发明也极其重要。虽然没有发现衣物遗迹，但是发现了用动物骨头制成的缝针（左图）以及戴着兜帽的骨制人像（右图）。

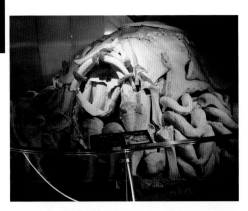

用猛犸骨头搭建的住所

图中的圆形住所直径约5米，木质结构，上面覆盖着动物的皮毛，周围用猛犸的骨头固定起来。西伯利亚洞窟稀少，这样的稳固住所使定居西伯利亚成为可能，是一个伟大的发明。

的渔场资源，智人的航海技术得到了发展，不断地从一个岛迁移到另一个岛屿，最终来到了澳洲。

克服永冻土障碍的关键也在于现代人类卓越的发明能力。现在西伯利亚的冬季平均气温只有零下40摄氏度，晚期智人到达西伯利亚时地球正处于末次冰期，所以天气应该比现在更冷。为了在这样的极寒环境中生存下来，晚期智人以猛犸的骨头为材料搭建稳固住所，并将动物皮毛制成

防寒服。在当时的西伯利亚生活着猛犸、犀牛和野牛等动物，到了夏天还有浆果类果实。所以只要克服了冬天的严寒，那里就是一个食物丰富的地方。

于是，大约在2万8000年前晚期智人开始在这片土地上正式定居。并且在大约1万3000年前，受全球变冷的影响白令陆桥[注2]结冰形成陆地，他们通过陆桥到达了美洲大陆。从此，地球上的大部分陆地上都分布着晚期智人。

近距直击 • • •

最早的美洲人之谜

欧亚大陆与美洲大陆之间存在着巨大的大陆冰川，直到末次冰期结束的1万3000年前才开始通行。但是在智利发现的蒙特沃德遗迹年代为1万4800年前，与冰川一说相矛盾，引发了学者间的争论。现代人类比我们想象中更早地来到了美洲？除了白令陆桥之外还存在其他路线？至今尚无定论。

在蒙特沃德遗迹中发现了人类的居住痕迹。其中还发现了动物的骨头，有学者认为这里是宰杀动物的地方

科学笔记

【人类基因组】第84页 注1

首先我们来了解一下容易混淆的"基因""基因组"和"DNA"。"基因"是载有生物遗传信息的因子。"基因组"则是一个生物的全部遗传信息，它只是一个概念而不是物质。人体的遗传信息约由30亿个碱基对组成。"DNA"就是携带这些遗传信息的物质。根据人类基因组计划研究结果显示，人体约有2万个基因，例如生成骨头、肌肉的基因、维持心脏跳动的基因、形成情绪脑神经的基因以及诱发癌症、阿尔茨海默症的基因等等，不同的基因有不同的分工。这2万个人体基因所携带的遗传信息就是人类基因组。

【白令陆桥】第86页 注2

白令海峡位于美洲大陆北部的阿拉斯加、苏尼德半岛与欧亚大陆东部的西伯利亚、楚科奇半岛之间。现在海峡最窄处为86千米。因为在阿拉斯加和西伯利亚地区发现了相同的动物化石，所以验证了某一时期大陆冰川使得两陆地相连这一发现。

日本列岛人的由来

绳文人的基因去向

日本列岛南北狭长，居住着三大民族，分别是北部的阿伊努人、南部的冲绳人和大和族人。我们研究团队将日本列岛的三大民族和居住在东亚的其他民族的DNA进行了详细的比较分析，右图为研究结果。

在被称为SNP即单核苷酸多态性的人类基因组中存在着数万个DNA，通过比较分析DNA的个体差异，我们使用主成分分析法将个体间关系用平面图表现了出来。如图示，大部分人都位于图片的左下角，但是维吾尔族人和雅库特人却分布在图片的左上角。这是因为他们混血了西欧亚人（如在此图中显示，位置应较之更上）。并且，日本列岛的三大民族特别是阿伊努人位于图片右侧，这说明日本列岛人的DNA中有着与西欧亚人不同的遗传信息元素。根据以往的人骨化石研究推测，这不同的元素极有可能是绳文人。也就是说，阿伊努人继承绳文人的DNA最多，接

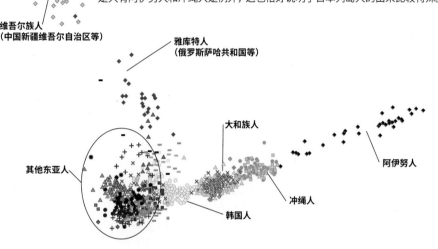

■ 东亚民族的遗传信息分布

下图为对居住在东亚的民族的DNA进行研究后排列出的遗传信息较为亲近的民族。图中的点越近就说明遗传信息上越亲近。正如居住在欧亚大陆较中部地区的维吾尔族人位于图中左侧，居住在远东地区的阿伊努人位于图片右侧，这样的分析结果所表示出的集体布局与地图上人类集体的分布位置相对接近。但是只有阿伊努人和冲绳人是例外，这也恰好说明了日本列岛人的由来比较特殊。

维吾尔族人（中国新疆维吾尔自治区等）

雅库特人（俄罗斯萨哈共和国等）

大和族人

其他东亚人

阿伊努人

冲绳人

韩国人

下来是冲绳人和大和族人。我们研究团队将调查研究大约3000年前住在东北地区的绳文人的DNA来验证这一说法。

阿伊努人的祖先曾经也生活在本州？

通过对这些DNA的研究分析发现，现在的日本人可能是日本列岛第一外来人的子孙绳文人和弥生时代之后第二外来人的混血，也就是"二重构造模式"。

继承绳文人DNA最多的阿伊努人和曾经住在本州以南的大和族人的混血

是从什么时候开始的呢？我们以现代人的DNA数据为基础进行了一系列的计算，推测时间大约为58代人之前。若将一代（父母与子女的年代差）换算为25年，就是距今1450年前，若换算成一代30年，则是1740年前。也就是公元3世纪至6世纪，正是以近畿地区为中心的政治势力在东北地区扩张统治范围的时期。

关于以上的推测年代还存在着各种假说，今后有必要进行详细的调研。但是在东北地区常见以意为"沼泽"和"河川"的阿伊努语命名的地名，由此可见，本州北部曾经住着阿伊努人的祖先。

■ 绳文人复原模型

图为东京上野国家科学博物馆展示的绳文人复原模型。绳文人大约在1万3000年前出现在日本列岛，形成了其特有的文化，例如世界最古老的土器、竖穴式住所以及利用独木舟进行捕捞等。

斋藤成也，毕业于东京大学理学系生物学科人类学专业以及得克萨斯大学休斯敦健康科学中心生物医科学研究生院。现为日本综合研究大学院大学遗传学专业教授兼东京大学研究生院理学系研究科生物科学专业教授。主要通过基因组信息比较研究生物的进化。

现代人类为何拥有如此多样的相貌?

虽然不同民族的相貌会有很大的差异,但是早期智人的相貌总体来说是相似的。智人从非洲不断地向各地迁移,相貌也受环境影响发生改变。包括日本人在内的黄种人以单眼皮、胳膊短和腿短为特征。这是他们为了适应北亚的寒冷环境而进化出来的特征,单眼皮有助于在眼皮中储存脂肪来保护眼球,短手臂和短腿可以减少身体表面积,防止体温的损耗。

图为男性因纽特人。黄种人是智人为了适应环境而发生显著变化的例子

3万5000年前—1万2000年前

❺周口店

在发现北京猿人的周口店的山顶洞穴中发掘出了三个晚期智人的头骨化石和缝针、串珠,当时可能已经拥有了高度文明。

约2万8000年前

❻马耳他

在全球气温不断下降的末次冰期最盛期,现代人类开始正式定居西伯利亚。在那里发现了1万多件石器、3万多块动物骨化石以及2具被埋葬的人骨。

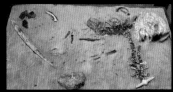

约1万8000年前

❼拉斯科洞窟

智人大约在4万5000年前到达欧洲。在拉斯科洞窟中发现了1万8000年前人类绘制的壁画,画有牛、马和鹿等多种动物,述说着当时文化的繁荣。

约12万年前

❷斯虎尔

智人大约在7万年前开始正式"走出非洲",但是在这之前已经有一些智人走了出来,斯虎尔人就是其中一例。虽然在斯虎尔发现的人类化石具备现代人的特征,但是他们大约在8万年前从这片土地上消失了。

约19万5000年前

❶奥莫基比什

发现了奥莫一号(右图)、奥莫二号2具19万5000年前的智人化石。脑容量约1400毫升,基本与现代人相同,但是奥莫二号具有较多的原始特征。

图示
- ● 陆地
- 大陆冰川
- 永冻土
- ● 末次冰期时的陆地
- ● 海洋

亚纳

比索瓦亚

西伯利亚

海尔盖斯山洞

中亚

福格尔赫德山洞

❼拉斯科洞窟   欧洲

4万年前   4万5000年前

❻马耳他   4万年前(?)

丹尼索瓦洞穴

梅兹里奇骨头洞穴

中国

❺周口店

4万年前(?)

戈勒姆岩洞

特冯拉

10万年前(?)

撒哈拉沙漠   ❷斯虎尔

10万年前(?)

杰贝尔法亚

柳江

卡夫泽洞穴塔拉穆萨

加拉普姆

南亚
7万年前

赫尔托

❸尼

❶奥莫基比什

巴塔东巴勒拿洞窟

新几

非洲

孟巴石窟

玲珑谷地

利马莱洞穴

马拉卡尼亚·纳乌瓦拉比拉洞穴

现代人类的祖先群体
20万年前—7万年前

博德洞窟

4万500

克拉西斯河口洞穴

布隆伯斯洞穴

❹蒙哥、威兰德拉湖区

4万年前(?)

❸尼亚洞

在这里发现了大约4万年前的人骨化石,并且与现在的澳洲原住民有相似特征。所以有学者认为,现在的东南亚民族起源于约5万年前南下的东亚人。

约1万3000年前

❽克洛维斯

将石头两面加工制成石器——"克洛维斯尖头器"。很长一段时间里,克洛维斯文化圈的人们被认为是美洲最古老的定居者,直到蒙特沃德遗迹被发现,学者开始有了不同说法。

约1万4800年前

❾蒙特沃德

在这里发现了人类居住痕迹、石器以及被分解的动物骨骼化石等遗迹。该遗迹的存在时间比我们所认知的人类到达美洲大陆的时间(1万3000年前)还要早,很有可能是3万年前—2万年前,但至今尚无定论。

原理揭秘

从考古学证据来看晚期智人的扩张路线

白令陆桥

多鲁埃克

2万5000年前(?)

蓝鱼洞穴

尼纳纳

乌西基湖

肯纳威克

拉塞纳、拉波维

1万1000年前

梅多克罗夫特岩棚

夏威夷群岛
1400年前

卡力科山丘

塔波

密克罗尼西亚
4000年前

❽克洛维斯
1万3000年前

科拉帕科亚

美拉尼西亚

社会群岛
1500年前

斐济　汤加
4000年前—2000年前

秘鲁
1万2000年前(?)

皮基马查

南美

圣湖镇

复活节岛
1500年前

圣露西亚溪谷

❾蒙特沃德

尼亚
(?)

智利
1万4800年前(?)

新西兰
1250年前

霍赫勒·菲尔斯洞穴

约4万年前

❹蒙哥、威兰德拉湖区

这里是澳大利亚最古老的埋葬遗址之一。在这里发现了130多具人骨化石,其中有2具被埋葬了起来。一具是火葬(见右图),另一具被大量的红赭石包围。

大约在7万年前,晚期智人开始正式"走出非洲",历经几个世代走向了世界各地。本图以世界各地的遗迹推测年代为基础,展示了晚期智人的移居路径和时间。在这些新开辟的地方,祖先们是怎么生活的呢?让我们一起去探索他们的旅途吧。

地球博物志

智人最初的遗物

Artifacts of early Homo sapiens

诉说着初始的智慧

史无前例的创造力带来了智人的繁荣。从防寒服、狩猎工具等生活用具到笛子、雕像等艺术品，智人在相当早的时期就创造出了各种各样的文物。接下来，就让我们一起来看看远古丰富多彩的生活吧。

人类行为的起源

时间越接近现代，人类的行为和工具样式就越复杂。大约在1万年前，随着城市的建立，人类的文化也以前所未有的速度向前发展。

人类的新行为	种类	开始年代(推测)
制作石刀	新型工具制作技术	28万年前
制作研磨石器	新型工具制作技术	28万年前
颜料的使用	符号的使用	28万年前
制作尖头器(精细调整)	新型工具制作技术	25万年前
贝类采集	海产资源的利用	14万年前
捕捞	海产资源的利用	14万年前
长距离交易	社会组织的变化	14万年前
制作骨器	新型工具制作技术	10万年前
制作尖头器(带有倒钩)	新型工具制作技术	10万年前
刻绘线条	符号的使用	10万年前
制作长笛	符号的使用	7万5000年前
制作细石器	新型工具制作技术	7万年前
绘制画像(壁画等)	符号的使用	4万年前

【猛犸象牙制成的长笛】

Flute made from mammoth ivory

这种长笛被认为是人类最古老的乐器，也是"奥瑞纳文化"的早期遗迹。"奥瑞纳文化"以拉斯科洞窟中的壁画为代表，是洞窟壁画和雕刻的发端。有学者认为长笛被用于娱乐和宗教仪式。据说，"奥瑞纳文化"的萌芽期正是地球末次冰期的最盛期，在这样严酷的环境中，艺术和宗教成为人们的心灵依托慢慢发展了起来。

数据
大小	长18.7厘米
材料	猛犸象牙
出土地	德国南部的盖森科略斯特勒岩洞
年代	约4万3000年前－3万7000年前

【狮头人身像】

Statuette of a human with lion's head

在欧洲旧石器时代晚期的遗址中发现了大量雕刻、雕像和饰品，但其中最引人注目的是在德国发掘出土的狮头人身像。它是以当时生活在欧洲的雌穴狮为模型制作而成的。虽然不清楚制作目的，但是有学者认为这狮头人身像是神的象征。

数据
大小	高29.6厘米
材料	猛犸象牙
出土地	德国南部的霍伦斯坦-施达德洞穴
年代	约3万2000年前

近距直击

变幻自如的克罗马农人的"石刀技术"

克罗马农人（大约4万年前－1万年前生活在欧洲的智人）可以说是石器制作的专家，他们的"石刀技术"格外精湛。从大石核中剥落一块细长薄片，通过二次加工制成雕刻器、刮削器以及尖头器等各种石器。

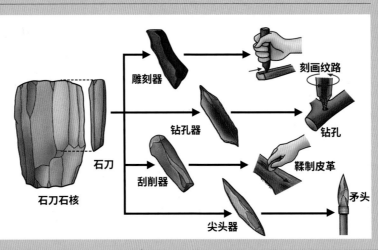

石刀石核　石刀　雕刻器　钻孔器　刮削器　尖头器　刻画纹路　钻孔　鞣制皮革　矛头

【镶齿尖头器】

Projectile point with Microlith

大约 2 万 5000 年前出现的狩猎工具。在动物骨头边缘刻出凹槽并嵌入如剃刀的刀刃一般的黑曜岩薄片，轻且锋利，将其用作矛头可以大大提高狩猎效率。用石头制成的石器一旦破损就无法使用，但是镶齿尖头器的优势就在于如果一部分石头破损了也可以简单修复。

镶齿尖头器的制作方法

① 从石头平滑的一面剥取细石刃

② 将细石刃嵌入尖头器的凹槽中

数据			
大小	未测量	材料	木头、黑曜岩
发明地	北亚	年代	不明（图为仿制品）

【陶器】

Earthenware

日本绳文时代早期陶器，但并未发现具有绳文时代特征的绳文、火焰纹等装饰。随着末次冰期的结束森林树木变成落叶树，橡子等果实需要去除涩味，因而发明了陶器。在青森县发现了1 万 6000 年前的陶器碎片，由此可见日本是世界上最早使用陶器的地区之一。

数据	
大小	未测量
材料	黏土
出土地	日本东京
年代	1万2000年前（图为仿制品）

【投矛器】

Atlatl

用羱羊（山羊类动物）雕刻装饰的投矛器。投矛器是狩猎工具，出现在 10 万年前—6 万年前，把矛挂在突起位置，握住棍子部分通过摇摆手臂就可以把矛投出去很远。在末次冰期时期，几乎整个大陆的人类都在使用投矛器。但是随着动物的灭绝和弓箭的发明，投矛器渐渐退出历史舞台。左图的投矛器装饰精美，有学者认为它并非用于实际生活。

投矛器的使用方法

数据	
大小	长32厘米
材料	驯鹿角
出土地	法国南部的马达济尔壁画岩洞
年代	约1万7000年前—1万3000年前

【女神像】

Goddess Statue

在大约 2 万 9000 年前—2 万 5000 年前的克罗马农人遗址中发现的泥偶人，表现出了女性的丰腴。它是由黏土低温烧制而成的，是世界上最古老的雕刻陶器。这类艺术品作为丰收多产的象征在各个时代和地区盛行，这个最古老的女神泥偶人大概也被寄予了同样的希望吧。

数据	
大小	高约11厘米
材料	黏土
出土地	捷克南部的南摩拉维亚州
年代	约2万9000年前—2万5000年前

可以看到世界各地火山喷发形式的"火山博物馆"
堪察加火山群

位于俄罗斯堪察加边疆区，1996 年被列入《世界遗产名录》，2001 年扩大范围。

堪察加半岛位于俄罗斯远东地区，环太平洋火山带上。堪察加火山群位于欧亚大陆架与太平洋板块俯冲带的交合处，由 300 多座火山组成，是世界上屈指可数的火山群之一。因为呈现出各种火山喷发形式而被称为"火山博物馆"，在这里能强烈地感受到地球的生命气息。

可以在堪察加火山群看到的火山喷发形式

夏威夷式喷发

以夏威夷岛的基拉韦厄火山为代表。很少发生爆炸，常常从火山口和山腰裂隙溢出大量的熔岩流，流动性大。图为扎尔巴奇克火山。

斯特龙博利式喷发

以意大利斯特龙博利岛火山为代表。不断发生小规模爆发，并喷发火山弹，有熔岩流出。图为未被列入《世界遗产名录》的卡雷姆火山。

普林尼式喷发

名字来源于记录意大利维苏威火山喷发的学者小普林尼。能喷发出大量的浮岩和火山灰，火山灰云甚至能达到数万米高。图为克柳切夫火山。

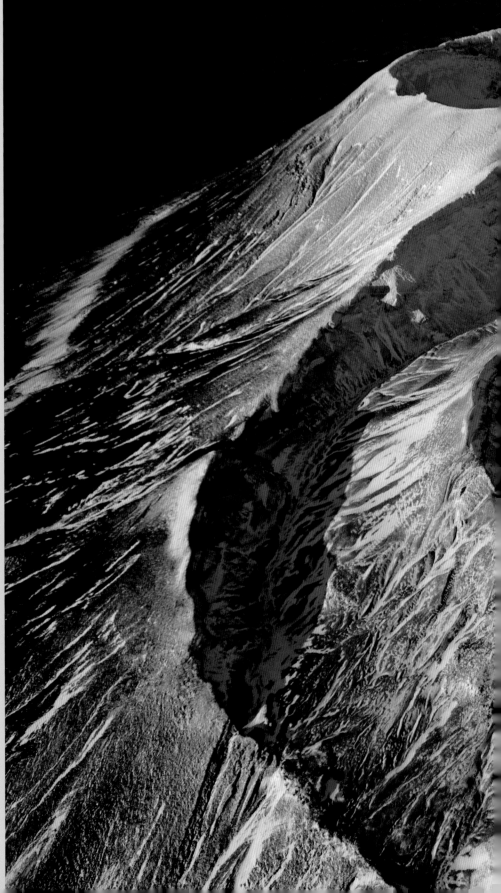

位于克罗诺基国家自然保护区的克拉舍宁尼科夫火山

堪察加火山群的 2 个保护区和 4 个自然公园被列入《世界遗产名录》。其中的克罗诺基国家自然保护区内有克拉舍宁尼科夫、克罗诺基等火山。克拉舍宁尼科夫火山有 2 个火山口，而克罗诺基火山海拔 3528 米，呈近乎完美的的圆锥状。这里虽然人迹罕至，但生活着许多种类的动植物。

地球之谜

最后的『缺环』

人类是何时获得猿类所没有的智慧的？

关于这最后的『一环』，存在着各种假说。

从猿类进化成人类的过程中，人类为什么进化成了无毛动物？是什么时候开始拥有智慧的？

缺环意为『链条上缺失的一环』。

以基于自然选择说的进化论而闻名的查尔斯·罗伯特·达尔文在 1871 年说道："至今仍然欠缺联系人类与猿类的关键化石。"

当时，已经发现了会使用石器的尼安德特人以及克罗马农人等人属化石，但是缺少从猿类进化而来的过渡人种。之后，就像是实现达尔文的愿望一般，"缺环"的关键化石逐渐被挖掘出来。从大约在 700 万年前的乍得沙赫人等早期猿人开始，历经约 400 万年前的南方古猿等猿人、爪哇猿人和北京猿人等晚期猿人、尼安德特人等早期智人直到我们现代人类所属的晚期智人，欠缺的关键化石空白基本得到填补。

进化成无毛动物是因为水中进化？

那么，使人类不同于猿类并拥有自身"特有"特征的最后"缺环"是怎样的一个进化过程呢？

灵长类动物中只有人类没有体毛，为什么会这样？

1942 年和 1960 年出现了一个特别的

未满周岁的婴儿不怕水也是支持水猿假说的证据之一。婴儿在水中确实能自觉屏息并睁开眼睛游泳。但也有人认为这只是因为婴儿已经在羊水中习惯漂浮

人类与黑猩猩是最近的"近亲"。大约在 700 万年前与共同祖先分离，分支演化。现在已经确认与大脑皮层发展、语言以及认知能力有关的基因是人类特有的

说法——水猿假说。根据假说，由于东非的地壳变动，人类祖先被赶出热带森林进入沼泽和海洋开始了半水生生活，为了适应水生生活逐渐褪去毛发。研究者认为可能是水的浮力使人类进化成可以双足直立行走，并且褪去毛发增厚皮下脂肪有利于维持水中体温。他们给出的论据是，只有头发生长是为了保护露出水面的头部不受太阳光照射以及现代人背部等部位的汗毛生长方向也与游泳时水流方向一致。

这一学说并没有受到学者们的关注。因为通过化石研究我们发现半水生环境中生活着海胆等攻击性肉食动物，毫无防备的人类祖先无法在那样的环境中生存下来。从陆地转为半水生再返回陆地的这一过程过于复杂，所以主流学说并没有过多

在南非布隆伯斯洞窟附近海岸发现的贝冢。学者认为这是约10万年前的居民食用并且当器具使用的贝类

布隆伯斯洞窟的"颜料工坊"中被当作材料使用的红色和黄色赭石（含有氧化铁）。有些刻有几何图案

关注水猿假说。

那么为什么会褪去毛发呢？比较有说服力的一个说法是因为大约在260万年前，全球进入了寒冷冰期。当时食物匮乏，人类祖先为了获取粮食不得不开始长距离的行走。为了降低行走时过度上升的体温，肌肤表面的汗腺变得发达，体毛变得稀少，以防身体过热。

通过研究化石和基因发现，人类祖先大约在160万年前变成"裸猿"。腋毛和阴毛被保留下来的原因一是扩散外激素，二是摩擦时保护肌肤。

南非洞穴中的大发现

那么人类的智慧是何时进化成"人类化"的呢？学者们一直以来都信奉着一个学说。随着欧洲洞穴中冰河时期的动物壁画、装饰品等不断被发现，学者认为智人的智慧大约在5万年前—4万年前的旧石器时代晚期有了飞跃性发展。这就是由基因突变引起"创造力大爆发"学说。

2011年，在南非的西布度洞穴和布隆伯斯洞窟的考古活动中有了重大发现。

在西布度洞穴中发现了约7万7000年前的寝具和胶粘剂，寝具由含有杀虫成分的植物制成。研究团体称"洞穴的住民很有可能在7万年前就已是成熟的化学家、炼金术士及烟火技工"。

在布隆伯斯洞窟中发现了2枚约10万年前的鲍鱼贝壳。在贝壳里还残留着类似于颜料的物质，这个洞窟很有可能是最古老的"颜料工坊"。他们将富含油脂的海豹骨头磨碎，再加入增强稳定性的炭和某种液体调和成漂亮的颜色并大量生产。

技术、艺术的发展并不是爆发性的，而是缓慢地、伴随着各种契机历经几十万年发展进化而来。

但是人类智慧的"缺环"至今仍是一个谜。大猩猩和人类的基因相似度高达99%，有的学者从不同的1%着手调查研究，有的则着眼于早期人类的化石年龄，通过社会生活的变化展开研究。

不管怎样，距离人类进化的"缺环"被发现的那天应该已经不远了吧。

长知识！地球史问答

Q 日本人的起源

A 从石器的出土情况来看，智人最晚大约在4万年前到达日本列岛。在这之后又是怎样形成日本民族的呢？关于这一问题有很多种说法，但是现在的主流说法是20世纪80年代自然人类学家埴原和郎提出的"二重构造模式"。根据这一学说，居住在东南亚的人类集体最先移居到日本列岛，其子孙就是绳文人。大约在公元前8世纪，绳文时代向弥生时代过渡时期居住在东北亚的另一个集体来到了日本列岛。他们虽然被认为曾是绳文人祖先的"近亲"，但为了适应东北亚的寒冷天气，身体特征已经进化得不同于绳文人，例如单眼皮和扁平脸等。学者认为这个新集体是从九州半岛北部向日本海沿岸、近畿地区移居的集体与当地绳文人的混血品种。但是由于北海道地理位置较偏远，当地的绳文人几乎没有混血，而是与后来的阿伊努人有一定联系。近年来，对绳文人线粒体DNA的遗传学研究有了一定进展，学者发现日本列岛人中绳文人基因更具多样性。但是关于绳文人的起源至今尚不明确，随着研究的深入"二重构造模式"也有可能需要做出修改。

绳文人的复原图。面部轮廓呈四方形，凹凸明显。双眼皮、鼻梁高挺以及手脚长是其身体特征

新外来人的复原图。面部平坦，轮廓较圆润。单眼皮、高颧骨以及手脚较短是其身体特征

Q "人种"这一说法已经过时？

A 以往通常会根据身体特征的不同将晚期智人分成不同人种，例如白种人（Caucasoid）、黑种人（Negroid）、黄种人（Mongoloid）。但是近年来，越来越多的研究人类进化的专家开始按地理位置将晚期智人分为西欧亚人、非洲人以及东欧亚人等。人种概念最初由18世纪后半叶的德国医学家约翰·弗里德里希·布鲁门巴哈提出，分为"高加索人种""蒙古人种""尼格罗人种""阿美利加人种"和"马来亚人种"5类。白种人和黄种人这两种称呼也起源于此。这样的划分方式是基于欧洲传统基督教的价值观，布鲁门巴哈也提到"白皮肤的高加索人是所有人类的基本形态，其他四类人都是由高加索人退化而来"。但是晚期智人都是从非洲向外扩张而来的"非洲起源说"现已得到证实，之所以会因为地域不同而导致人体特征产生差异是因为中性突变的积累（中性突变指基因中碱基的突变虽然导致多肽链中相应位置的氨基酸发生变化，但该变化并不引起蛋白质功能的改变。通俗地说，中性突变就是基因中的碱基确实发生了改变，但这种改变不影响生物的生存，无所谓好与坏的突变）。所以，越来越多的学者不再使用"人种"这个概念。

图为白种人这一称呼的来源，高加索山脉。它位于《圣经·旧约》中诺亚方舟到达的亚拉腊山的北面。布鲁门巴哈基于基督教的价值观，将欧洲人命名为来自高加索山脉的高加索人

Q 大脑越大智力越高？

A 在早期猿人进化成智人的过程中，人类的大脑开始变大。虽然随着脑部的增大人类的行为能力也有了显著的发展，但这并不能说明大脑越大智力越高。事实上，晚期智人的大脑平均质量为1350克，虽然非洲象的大脑重约4200克，虎鲸约5620克，但它们并不具有人类的高度抽象性思维。而且，尼安德特人的平均脑重量也比晚期智人重。美国的进化学者哈里·杰里森认为动物的智力与"脑指数"成正比。脑指数是动物的大脑重量除以体重的三分之二次方，再乘以特定系数得到的数值。这个数值越高就说明大脑重量超过与体重相适应的重量越多，智商也就越高。以猫的脑指数1为标准，非洲象为1.3、大猩猩在2.2～2.5之间、宽吻海豚为5.3。在现存动物中脑指数最高的是现代人类，在7.4～7.8之间。

脑指数仅次于人类的宽吻海豚，生活在极地以外的海洋中。它们能表现出高智力行为，比如澳洲的宽吻海豚在海底沙中觅食时，为了不让嘴部受伤懂得把海绵置在吻突上等

猛犸的时代

75万年前—1万年前

[新生代]

新生代是指从 6600 万年前开始持续至今的时代。在这一时期，哺乳动物、鸟类以及被子植物等取代中生代的恐龙，迎来了全盛时期。不久，在它们之中，一个新的角色隆重登场，那就是我们——人类。

第 99 页　　图片 / 叶夫根尼娅·阿尔布加耶娃 / 国家地理创意 / 阿玛纳图片社
第 100 页　图片 / 阿尔科图片公司 / 阿拉米图库
第 103 页　插画 / 月本佳代美　描摹 / 斋藤志乃
第 107 页　插画 / 罗曼·乌希季尔
　　　　　图片 / PPS
第 108 页　插画及图表 / 三好南里
　　　　　图片 / 照片图书馆
　　　　　图片 / 原田晶光堂
第 109 页　插画及图表 / 三好南里
　　　　　图片 / 北川博道
第 110 页　图片 / 北川博道
第 112 页　图片 / PPS
　　　　　图片 / 北川博道
　　　　　插画 / 斋藤志乃
第 113 页　图片 / 北川博道
　　　　　图片 / 茨城县自然博物馆
　　　　　插画 / 斋藤志乃
　　　　　插画 / 菊谷诗子
第 114 页　图片 / 若昂·齐良（ICREA/ 巴塞罗那大学）
第 115 页　图片 / 肯尼思·盖瑞特 / 国家地理创意 / 阿玛纳图片社
　　　　　图片 / M. 万哈伦、M. 朱利安 / 法国国家科学研究中心
　　　　　图片 / PPS
第 116 页　图片 / PPS
　　　　　图表 / 三好南里
第 117 页　图片 / 马克斯·普朗克演化人类学研究所
　　　　　图表 / 三好南里
　　　　　图片 / PPS
第 119 页　图片 / 赫米斯 / 阿拉米图库
第 120 页　图片 / 联合图片社
　　　　　图片 / Aflo
　　　　　图片 / PPS
　　　　　图片 / 木村英明
　　　　　俄罗斯科学院考古学·民族学研究所藏品
第 121 页　图表 / 三好南里
　　　　　图片 / PPS
第 122 页　插画 / 罗曼·乌希季尔
　　　　　图表 / 三好南里
　　　　　地图 / 科罗拉多高原地质测量系统公司
第 123 页　图片 / 寺越庆司
　　　　　插画 / 罗曼·乌希季尔
第 124 页　图片 / 加拿大图片库 / 阿拉米图库
　　　　　图片 / 福井县立恐龙博物馆
第 125 页　图片 / 日本国立科学博物馆
　　　　　插画 / 三好南里
　　　　　图片 / 北川博道
　　　　　图片 / 安友康弘 / 地质古生物学工作室
　　　　　插画 / 伊藤丙雄，转载自《新版灭绝哺乳动物图鉴》
第 126 页　图片 / 123RF
　　　　　图片 / PPS
第 127 页　图片 / 加拿大图片库 / 阿拉米图库
第 128 页　图片 / PPS
第 129 页　图片 / 美国国家航空航天局
　　　　　图片 / 美国国家航空航天局 / 喷气推进实验室 - 加州理工学院
　　　　　图片 / PPS
第 130 页　图片 / 日本国立科学博物馆
　　　　　图片 / PPS

新生代	第四纪	全新世	现在
			1.17
		更新世	
			258
	新近纪	上新世	
			533
		中新世	
			2303
	古近纪	渐新世	
			3390
		始新世	
			5600
		古新世	
			6600 (万年前)

—顾问寄语—

埼玉县立自然博物馆自然历史部门负责人　北川博道

除南极大陆和澳大利亚大陆外，象的祖先（长鼻目）在其他各个大陆上繁衍生息，发展极为繁荣。

其中，身披长毛，长着巨大牙齿的长毛象便是其中最具代表性的一员。

然而，繁盛一时的长鼻目动物大多同其他巨兽一起消失在了历史的长河中。

接下来，让我们一起看看猛犸象等长鼻目动物的兴衰史和巨兽灭绝之谜吧。

巨兽长眠的冷库

弗兰格尔岛漂浮在俄罗斯北面的北冰洋上，大约 3900 年前，有一种巨兽在这里灭绝，那就是猛犸象。猛犸象是一种在更新世时期繁盛一时，模样类似于现代大象的哺乳动物。处于末次冰期的地球曾是巨兽的乐园。以猛犸象为代表，皮毛厚实的犀牛、长着巨角的鹿、史上最大的马，都曾昂首阔步地行走在这片冻土带上。弗兰格尔岛的一年中有九个月处于冰雪覆盖的严冬季节。当短暂的夏季来临，冰雪融化，这里便成为水草丰美的大草原。曾经极为繁盛的巨兽，如今已销声匿迹。它们的遗骸永远沉寂在草和苔藓覆盖下的广阔冻土层中。

图为弗兰格尔岛的夏日风景。随着夏季的到来，草、苔藓和灌木等冒出新芽，北极熊和北极狐也开始频繁地出来活动。这里是世界上最大的海象群居地，又被称为"北极的科隆群岛"，于2004年被列入《世界遗产名录》。

猛犸象与猎人

冰河时代，生活在西伯利亚地区的长毛象（又称真猛犸象）
是长鼻目象科哺乳动物中最耐寒的一个种。犹如小山丘般高
大的身躯上长着厚实的脂肪和皮毛，门齿最长可达 4.5 米。
如此庞大的生物却在人类的长矛下消失在了历史的长河中。
在投矛器的助力下，石矛以更快的速度刺入长毛象的皮毛，
扎破内脏。面对人多势众的猎人以及利器，这种曾经被称为
"西伯利亚之王"的巨兽也束手无策，黯然退场。就这样，
人类猎杀猛犸象，以其肉为食，以其皮筑居，以其骨牙为建
材或是制作猎具和艺术品的原料。如此看来，人类能够在环
境恶劣的西伯利亚生存下来完全得益于猛犸象。

智人　　　石矛　　　长毛象

猛犸象的繁荣

适应冰河时代寒冷气候的长毛象登场

大约 260 万年前，地球进入冰河时代。在这个时期，地球生态系统发生了巨大的变化，适应寒冷气候的动物陆续出现，其中最引人注目的就是族群极为繁盛的长毛象。

全身覆盖着长毛的耐寒象类登场

从 258 万 8000 年前至 1 万 1700 年前为第四纪更新世。这个时代的中晚期，受末次冰期的影响，西伯利亚雪原的气温比现在低 5 ～ 10 摄氏度。雪原上的巨兽四处走动寻找食物。这些巨兽长有长鼻巨齿，与现生亚洲象极为相似。不过，有一处明显的不同是它们身上覆盖着长达 1 米的体毛，并因此得名长毛象。长毛象是猛犸象属中最具代表性的一个种。

霸王龙的吼声是怎样的、奇虾的泳姿又是什么样的……正是因为未曾亲眼目睹远古生物的真实面目，人类的想象力才被无限激发。大约 75 万年前出现在西伯利亚东北部的长毛象正是这些远古生物中的一员。

长毛象作为原本生活在温暖地区的象科动物，因为长有厚实的脂肪和御寒的长毛而适应了寒冷的气候，迎来了空前的繁荣，在已灭绝的哺乳动物中十分引人注目。它们是如何诞生、怎样生活、又因何消亡的呢？接下来，就让我们一起来揭开这种巨型动物的神秘面纱。

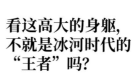

看这高大的身躯，不就是冰河时代的"王者"吗？

雪原长毛象
| *Mammuthus primigenius* |

在草原雪地上阔步而行的猛犸象复原图。短短数千年前，以西伯利亚为中心，它们的生存区域扩展到欧洲、亚洲北部、北美以及日本，成为人类所需蛋白质的重要来源。

猛犸象的食物是什么？ 生活在永久冻土带的长毛象，其遗骸因寒冷的气候而得以保存下来。在对其胃部残渣进行分析后，生物学家发现了它们的食物清单。

沼桦
桦木的一种，生长在沼泽地、荒原地带。落叶性灌木，现在日本仍可见这种灌木。沼桦春季开花，进入秋季后叶子变红。

蒲绒
沼泽地群生植物，莎草科植物的一种，在日本多见于北海道和本州地区。初夏时期开花，后期长出蓬松如棉的白色小绒毛，因此得名"蒲绒"。

地榆
日本各地十分常见的蔷薇科地榆属多年生草本植物。现在是芒草原的"重要一员"。进入秋季后，会开出棕红色的花，但并无花瓣。

诺氏古菱齿象
Palaeoloxodon naumanni
日本的代表性物种,喜欢生活在温带的森林中,栖息地随着气候的变化南北迁移。

亚洲象属
古象

古菱齿象属

亚洲象

猛犸象属

草原猛犸象

长毛象
Mammuthus primigenius
猛犸象属的代表物种。一提到猛犸象首先想到的是巨大的身体。实际上,其肩高只有3米,比非洲象略小一点。

哥伦比亚猛犸象
Mammuthus columbi
生活在北美,肩高达4米,体积比长毛象大很多。其典型特征是长长的牙齿横向弯曲。

非洲象属

1万年前

冰河时代

现在我们知道!

从非洲到亚洲,猛犸象的350万年之旅

在俄罗斯北极地区的少数民族涅涅茨人之间流传着这样一个古老的传说:大地之下是一个冰冷黑暗的世界,那里生活着一群鲛人。它们经常出没于人类世界,给人类带来祸事灾难。

此传说并非凭空而生。涅涅茨人居住的冻土带地下沉睡着数以万计的长毛象,当夏天冰雪融化时,长毛象的牙齿、骨头甚至完整的木乃伊便会露出地表。

数量如此巨大的遗骸恰恰证实了曾经的长毛象族群是何等地繁荣!

从非洲启程的猛犸象的先祖

从猛犸象到现生非洲象和亚洲象都属于长鼻目象科动物,并且都发源于非洲。新近纪上新世之后,象科祖先分支为猛犸象属、非洲象属、亚洲象属和古菱齿象属4个属群。其中,猛犸象属演化成猛犸象,非洲象属演化成非洲象,亚洲象属演化成亚洲象。

不久之后,猛犸象属穿越非洲和欧洲到达东亚地区。在此过程中,南方猛犸象和草原猛犸象这类原始猛犸象诞生。其中,草原猛犸象在200万年前—150万年前曾出没于西伯利亚东北部地区,因此生物学家认为它们与长毛象的诞生密切相关。与此同时,美洲地区的南方猛犸象后代、世界上最大的猛犸象——哥伦比亚猛犸象诞生。猛犸象种类繁多,但其中分布范围最广、族群最为繁荣的非长毛象莫属。

地球进行时!

成为资源的猛犸象牙

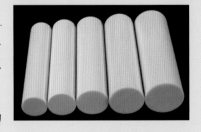

猛犸象虽已灭绝,但我们经常能看到其象牙制品。印章是最常见的猛犸象牙制品。原本印章是以象牙为原材料的,后来《华盛顿公约》明文禁止象牙交易。然而,这个条约并不适用于已灭绝的动物,所以猛犸象牙的需求大增。猛犸象牙是印泥附着性较好的优质印材。

猛犸象牙印材。因长年深埋地下,质地湿润,需经长时间干燥处理后才可加工使用

互棱齿象

原象

剑棱象

剑齿象

○象的系谱

象的祖先长鼻目动物出现于6600万年前的古近纪时期。之后，体形逐渐大型化，并且演化出纷繁复杂的种类，形成一个大家族。然而，这个大家族如今仅存非洲象和亚洲象2种。

象的祖先

长毛象
南方猛犸象
诺氏古菱齿象
嵌齿象
哥伦比亚猛犸象
原象

258万8000年前　　　533万3000年前

寒冷化开始　　　草原扩大

象的扩张　长鼻目动物从非洲开始向其他地方迁徙，一直扩张到除了澳洲大陆和南极大陆以外的所有地方。

长毛象的生存乐土——北极草原

长毛象家族为何如此繁荣，最重要的一个原因是它们生存的环境自然资源相当丰富。冰河时期，从西伯利亚至北美的大片区域与现在千里冰封的景象完全不同。当时，一进入夏季，冰雪融化，草原面积扩展至1万平方千米以上。草原上覆盖着无边无际的禾本科植物和灌木丛，为每日进食200～300千克植物的长毛象提供了充足的食物，因而被称为"猛犸象的草原"。

冰冻的木乃伊反映独特的身体构造

猛犸象族群如此繁荣的背后，还有一个无法忽视的重要因素，那就是能适应冰河时代极端气候的强大身体机能。

事实上，在已灭绝古生物的研究中，长毛象的研究进展是非常迅速的。大多数灭绝古生物的遗骸被掩埋在堆积物里，筋肉和脂肪经微生物分解后很难形成化石[注2]留存下来。但是，长年被永冻土覆盖的长毛象遗骸，就像被保存在一个天然的冷库之中。因此，它们的毛皮、脂肪、脑组织和内脏

从牙齿的形状看猛犸象的进化

在进化的过程中为了高效地进食，猛犸象的臼齿[注1]逐渐变大，且形成了向上凸起的结构。

南方猛犸象
臼齿齿板数量较少，仅有10～14颗。因此咀嚼坚硬植物的能力不如草原猛犸象和长毛象。

草原猛犸象
齿板数多于南方猛犸象。齿板的数量和牙釉质的厚度介于南方猛犸象和长毛象之间，与诺氏古菱齿象相同。

长毛象
象科动物中齿板数最多的一种，可达28颗，是适应咀嚼高纤维质禾本科植物的结果。得益于这些牙齿，它们在寒冷的西伯利亚猛犸象草原上生存了下来。

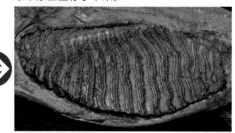

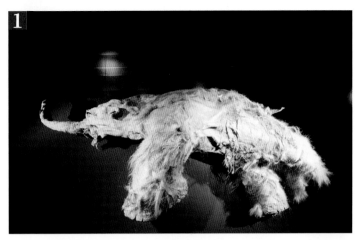

在西伯利亚发现的冰冻猛犸象

1 2013年在日本展出的冰冻猛犸象育卡，是一头生活在3万9000年前的西伯利亚，年龄在6～11岁之间的年轻猛犸象。

2 育卡的脚掌增大。象科动物的脚掌上，类似于软垫的软组织逐渐变厚。对于猛犸象来说这有利于它们在雪地上行走。

3 育卡的鼻子变大。皮肤保存较好，尚有活着时候的质感。鼻尖的形状与现生象类不同。另外，头部还残留着头骨和脑组织。生物学家成功地摘取出了育卡的脑组织。

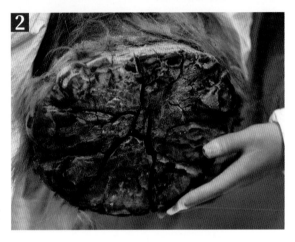

在育卡格尔村被发现，因此得名"育卡"。

科学笔记

【臼齿】 第109页注1

原始长鼻目动物只有切齿和臼齿。切齿也就是我们常说的"牙"，实际上起到咀嚼食物作用的只有臼齿。上下左右的颚部各有一颗臼齿，当臼齿磨损时后面的臼齿会接替顶上。这种独特的牙齿交换方法被称为"水平更换"。特别是象科下的一些种（如现生象和猛犸象属的各种），它们的臼齿齿冠高，单颗牙齿的寿命得以延长。

【化石】 第109页注2

单从字义判断，冰冻状态下的猛犸象可能并不会被归为化石一类。但是，化石（fossil）指的是"挖掘出来的东西"，并非专指石头。而且，日本古生物学会编著的《古生物学事典》中提到，"一般情况下，保存在一万年以上古地层中的东西多被称为化石"。由此看来，冰冻猛犸象是真真正正不可多得的化石。

得以完整保存。这对于我们研究长毛象为了适应寒冷气候实现了怎样的进化具有非常重要的价值。

生物学家在对其遗骸进行研究后发现，它们身体的抗寒能力非常强，主要体现在以下几个方面：细密的长毛下堆积着厚厚的脂肪，帮助它们抵抗低温环境。象类都长着大耳朵用来散热调节体温。长毛象却截然不同，它们的耳朵非常小，有助于保存身体的热量。而且，长毛象的臀部上长有褶皱，完全覆盖住肛门，也可以防止体内热量的散发。

为适应寒冷的气候，长毛象的身体不断进化，使其成为冰河时代的王者。但是随着末次冰期的结束，长毛象的数量骤减，最后从地球上彻底消失。

文明与地球　独眼巨人的传说

畏惧象化石的中世纪人

象科动物的鼻孔位于头骨的靠上位置。没有见过大象也没有研究过长鼻目动物骨骼结构的中世纪人误认为那是眼眶。而且，猛犸象的肩胛骨和人类的极为相似。于是，中世纪人创造出如希腊神话中的库克罗普斯般的独眼巨人，十分骇人。

图为根据象化石想像出来的独眼巨人的模型，展出于希腊的托勒密古生物学历史博物馆

侏儒象和日本猛犸象

生存战略——侏儒化

象是大型动物的代表,是现生陆地动物中体形最大的一种。庞大的身体除了可以防御外敌之外还有调节体温等诸多优点。但是,在化石生物研究领域,也存在着小型化的象。生物学家在意大利的西西里岛上发现了肩高只有90厘米的象——法氏古菱齿象。体形矮小的它们是由肩高约4米的古象进化而来的,也就是说肩高缩短了3/4。像这种原本大型的生物体形缩小的现象,我们称之为"侏儒化"。

法氏古菱齿象是小型象的代表性品种,在世界上的很多地方都曾发现它们的化石。在日本,侏儒化现象也成为研究日本象化石的一个关键切入点。大多数小型象都生活在较为局限的环境里,比如岛屿环境。小型象从大陆迁徙到日本岛,适应了这里的环境后,演化出日本特有的品

■ 法氏古菱齿象的全身骨骼

根据从意大利西西里岛上洞穴中挖掘出的化石组装成的全身骨骼。通过与照片中蹲着的笔者相比,我们可以明显感受到它们体形之小。左侧为雄性成年个体,右侧为雌性成年个体。照片摄于意大利罗马大学。

种——三重象和曙光剑齿象。

日本草原猛犸象

迄今为止,在日本只发现了2种猛犸象化石。一种是长毛象,另一种是日本草原猛犸象。后者与生活在大陆的草原猛犸象属于同一个种。但二者的颌组织差异较大,且日本草原猛犸象的臼齿小。所以,生物学界认为日本草原猛犸象是生活在大陆的草原猛犸象来到日本之后,身体逐渐小型化之后的版本。生物学家在北海道和九州多处地区发现了日本草原猛犸象的化石,据推算它们大约生活在120万年前—60万年前。

对于该种象的研究开始于1942

年。根据记载,松本彦七郎基于在千叶县发现的化石将其命名为"*Euelephas protomammonteus*"。然而在之后的研究中,对于它的分类极为混乱。对于同一个标本的鉴定,包括种属界定在内的变更超过10次。这是由于它们臼齿咬合面的形状与诺氏古菱齿象相似并且化石标本数量较少的缘故。象类化石的研究主要是利用臼齿化石展开的。因此,如何看待臼齿形态的差异至关重要。

我现在与滋贺县立琵琶湖博物馆和日立集团联合进行象化石的研究,利用CT扫描为臼齿化石"拍照",臼齿形态的差异一目了然。我认为这种研究方法可以运用到其他种类的象以及其他生物的种群分类研究中去。

■ 日本草原猛犸象

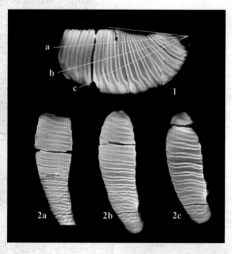

日本草原猛犸象的臼齿CT影像。1为垂直截面,2为水平截面。

北川博道,京都大学研究生院理学研究科地球卫星科学博士。从诺氏古菱齿象与猛犸象等长鼻目动物化石研究中探索日本生物的构成。

猛犸象屋

用猛犸象骨搭建的房屋

人类能够在寒冷的西伯利亚生存下来，离不开猛犸象的功劳，特别是用它的骨和皮建成的猛犸象屋。在乌克兰发现的1万8000年前的猛犸象屋十分有名。这间屋子直径5米，高3米，地基由25个猛犸象头骨构成。从头骨的使用数量来看，应该既有通过打猎获得的，也有捡来的尸骨。

猛犸象屋的内部景观。当时的人类在这样的房间里处理食物、制作工具和缝制衣服

❸ 鼻

象的鼻子除了作为呼吸器官外，还具有抓取东西的功能。非洲象鼻子的末端上下各长着指状凸起。与此相对，长毛象的鼻子末端上方突起明显，下方较为扁平。

非洲象	长毛象

❷ 耳

非洲象和长毛象最大的不同是耳朵。生活在炎热地区的非洲象耳朵很大，扇动起来时有助于降温。而长毛象的耳朵极小，这就使得体表面积减小，有利于抑制体温的散发。

❹ 齿

种类不同，身体特征的细节部分也会有所差异。为了磨碎食物，象发育出一种特殊的、犹如搓衣板一样的臼齿。非洲象齿板厚、数量少，长毛象齿板薄、数量多。

非洲象

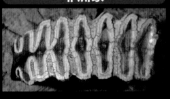

长毛象

❺ 牙

雄性非洲象的牙最长约3.5米，长毛象的最长约4.5米，向内侧蜷曲。众所周知，非洲象用牙齿可以挖出植物的根，剥掉树木的皮。同样，长毛象可以用长牙挖掘雪下的植物。

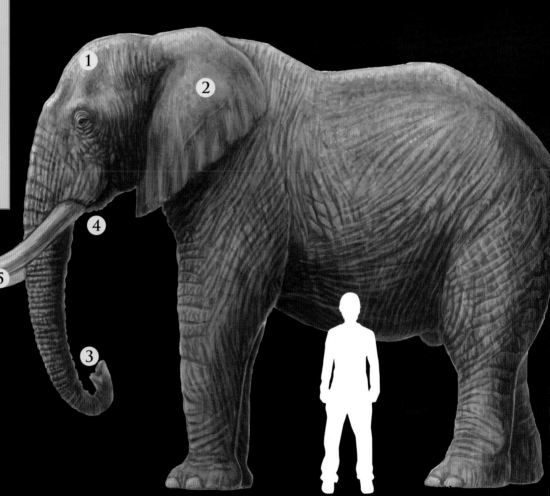

非洲象 | *Loxodonta africana* |

现生象科的代表种。以雌性和幼崽为中心，多数情况下100只成群，集体生活。一天约消耗140千克的植物根、草、果实以及树皮。它们有时还会表现出一些具有情感的行为，比如会对死去的同伴表示哀悼。

头体长	约7.5米（最大）
分布区域	非洲（撒哈拉沙漠以南）
时代	第四纪全新世（现代）

❶ 头骨

猛犸象的特征之一是它们的头骨比现生非洲象突出。从正侧面观察，非洲象的后头部倾斜度较小，而长毛象的倾斜度大且额上有个大凹坑，凹坑处长有肌肉。

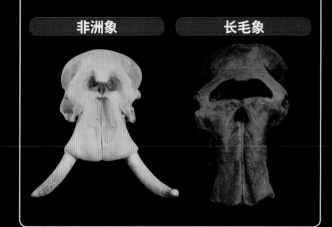

非洲象　　　　长毛象

原理揭秘

猛犸象与非洲象的完整比较！

长鼻子与大牙齿，需要抬头仰望的身躯……如果不考虑密布全身的毛发的话，长毛象和非洲象的体态特征极为相似。然而，当我们把目光聚焦于细节上时便会发现它们之间存在多种差异。正是这些差异，让我们清楚地了解长毛象为了在极寒的西伯利亚地区成为王者，到底经历了怎样的进化。

❼ 肛门

包括非洲象在内的很多哺乳动物的肛门都是暴露在身体外的。但长毛象却是个特例，它们的尾巴根处长有褶皱，正好覆盖住肛门，这样有利于保持体内热量不散发。

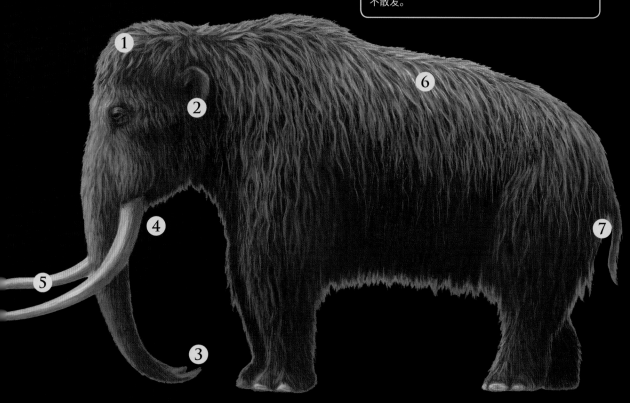

长毛象 | *Mammuthus primigenius* |

在猛犸象属中分布范围最广。长毛密布、皮肤裸露面积小使得它们极为耐寒，在极寒的西伯利亚地区实现了种族大繁荣。然而事实上，人们印象中的庞大猛犸象其实比非洲象还要小一圈。

头体长	约4.3米
分布区域	亚欧大陆北部、北美大陆
时代	第四纪更新世中晚期

❻ 毛皮

长毛象的毛发是多层次构造。靠近皮肤的最里层毛发（2和3）又细又软，接触空气的最外层毛发又粗又直（1）。这种结构有助于增强保暖效果。

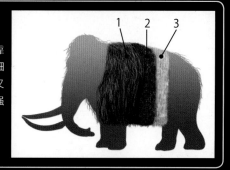

尼安德特人的灭绝

如果他们没有灭绝的话,会和我们生活在一起吧。

虽然智力出众,但仍走向灭绝的尼安德特人

在对古人类的研究中,进展较快、成果颇丰的要数对尼安德特人的研究。近年来,随着DNA技术的进步,他们的生活状态逐渐清晰,但是在古人类史中仍然残留着巨大的谜题尚未解开。

文化生活丰富多彩的人类邻居

直布罗陀半岛东部陡峭的石灰岩悬崖上有一个被称为戈勒姆的洞穴。大约2万8000年前,一群尼安德特人就居住在这里。同一时期,其他地方已没有他们的身影。在其分布区域中,这里的位置比较偏南,受冰期的气候影响小,迷迭香和百里香随风摇曳,石刁柏生长茂盛,自然环境优美怡人。正是这样的环境使得戈勒姆洞穴中的尼安德特人生存了下来。然而,没过多久,他们便销声匿迹,现代人类的邻居从地球上灭绝了。

自1856年尼安德特人的化石被发现以来,现代人就一直对他们抱有强烈的好奇心。最初,他们被贴上"低智凶暴的野蛮人"的标签,但随着研究的深入,各种迹象表明他们拥有出众的智力和创造力。他们懂得埋葬死者,会用颜料装饰身体并能够制作复杂的工艺品,拥有不亚于现代人的丰富文化生活。正因如此,我们才更加困惑:为什么尼安德特人会灭绝,而只有现代人类繁荣至今呢?

染有颜料的嵌条扇贝壳
由于生活在深海里,被冲上岸时贝肉已经丢失,由此可见并非用于食用。壳上附着有染料,因此推测是用作混合染料的器皿。这组贝壳是在西班牙的艾维纳斯洞穴中发现的。

戈勒姆洞穴内部

居住在戈勒姆洞穴的尼安德特人被认为会利用长久以来只有现代人类才会使用的海产资源，比如食用贻贝。而且，根据遗传研究结果显示，他们中的一部分很有可能是白皮肤红头发。他们在大约2万8000年前从这个地方消失。图片中的化石是1848年在附近的福布斯采石场发现的，为了拍照特意摆放成图片中的样子。

◘ 现代人类与尼安德特人的行为比较

一直以来的观点认为，尼安德特人的智力远不及现代人，但随着研究的深入，科学家们发现很多原以为是现代人特有的行为，在尼安德特人身上也能找到。

	智人	尼安德特人
艺术行为	○	?
使用颜料	○	○
佩戴装饰品	○	○
埋葬死者	○	○
远距离交易	○	?
制作工具 精细石器	○	○
制作工具 倒钩箭头	○	×
制作工具 骨器	○	○
制作工具 石刃	○	○
制作工具 针	○	×
利用海产资源	○	○
捕鸟	○	○
任务分工	○	×

◘ 尼安德特人的文化遗迹

这些遗迹表明尼安德特人拥有并不亚于现代人类的抽象思维能力和创造力。

动物牙齿项链

用猛犸象的骨头和其他动物的牙齿制作而成的项链，属于大约3万6000年前—3万2000年前之间的欧洲石器文化中的查特佩戎文化。这种饰品的制作需要非常精湛细致的技艺。

1厘米

尼安德特人的埋葬

在法国圣沙拜尔发掘出土的男性骨骼化石。四肢弯曲，仰面朝上，有些类似于"屈肢葬"，被视为有目的性的埋葬的早期证据。

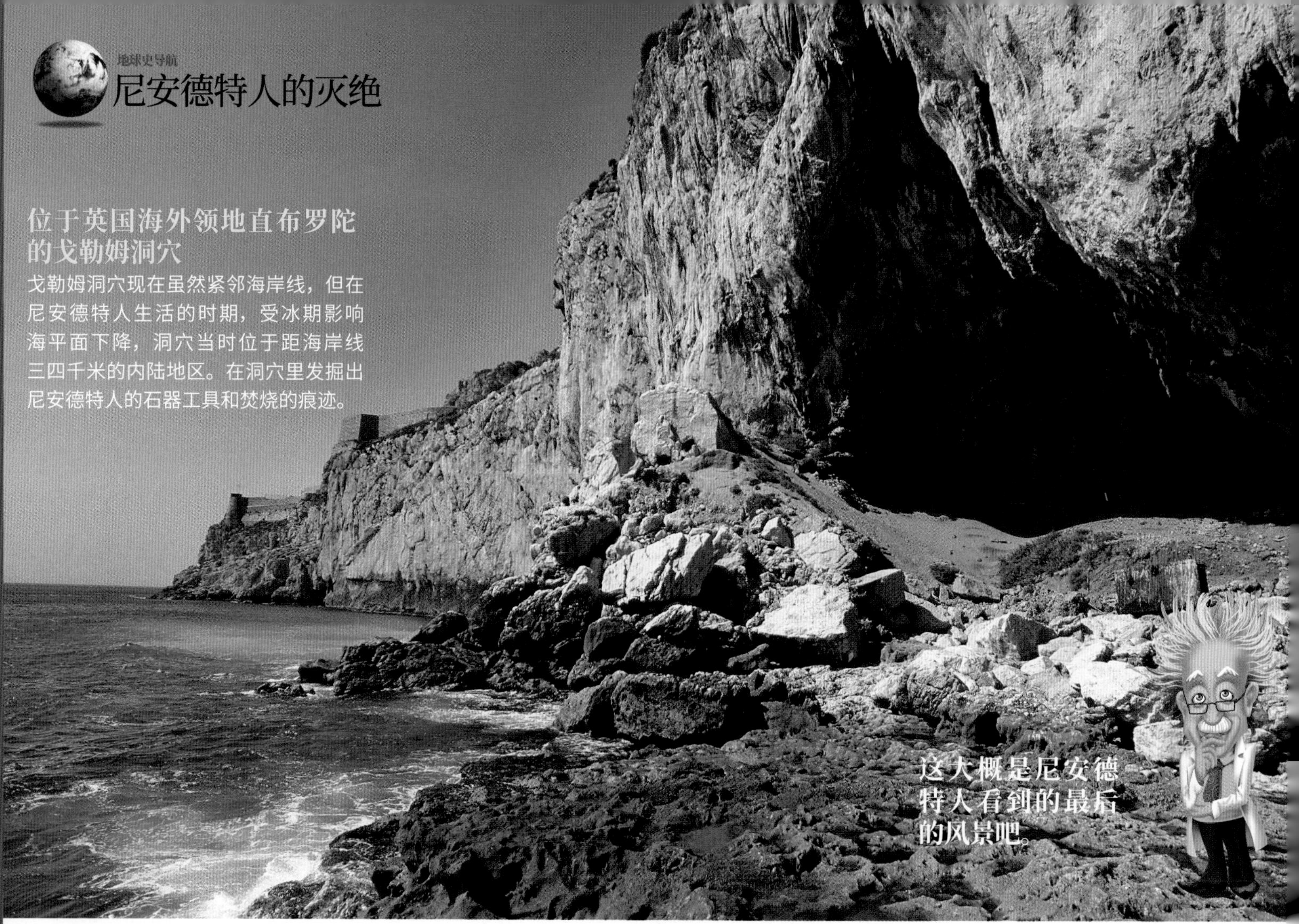
这大概是尼安德特人看到的最后的风景吧。

位于英国海外领地直布罗陀的戈勒姆洞穴

戈勒姆洞穴现在虽然紧邻海岸线，但在尼安德特人生活的时期，受冰期影响海平面下降，洞穴当时位于距海岸线三四千米的内陆地区。在洞穴里发掘出尼安德特人的石器工具和焚烧的痕迹。

现在我们知道！

尼安德特人与现代人类的不同命运是由细微的适应能力差距造成的？

尼安德特人灭绝的时期和现代人类的祖先到达欧洲的时期相重合。所以，长久以来在生物学界一直存在这样一个定论：两者之间在食物等方面展开了激烈的竞争，结果以智力处于劣势地位的尼安德特人失败告终，并沦落到种族灭绝的境地。然而，尼安德特人的生活遗迹却证明，他们的智力和现代人类的祖先并无多大差距。所以，造成尼安德特人灭绝的原因并非如此简单。

由气候变化带来的未知环境

近年来的研究表明，最有可能造成尼安德特人灭绝的原因是5万年前开始的气候变动所带来的环境巨变。当时处于末次冰期的地球，气温逐渐下降，在约2万年前降到了最低点。其实，单纯的寒冷气候并不会对耐寒的尼安德特人造成太大的影响。尼安德特人成年男性身高165厘米，体重80千克，身材矮胖，肌肉发达，能够产生大量的热量。而且为了保暖，

尼安德特人的分布区域

尼安德特人曾生活在欧洲、中东以及西伯利亚西部地区。当智人从非洲向世界其他地方扩张后，二者之间的生活区域发生了重叠。但重叠的区域到底有多少我们无从知晓。

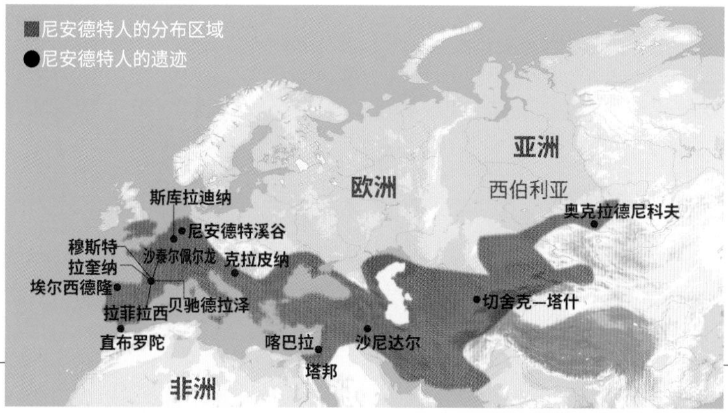
■尼安德特人的分布区域
●尼安德特人的遗迹
亚洲
欧洲
西伯利亚
斯库拉迪纳
尼安德特溪谷
穆斯特
拉奎纳
沙泰尔佩尔龙
克拉皮纳
埃尔西德隆
贝驰德拉泽
拉菲拉西
直布罗陀
喀巴拉
塔邦
沙尼达尔
切舍克—塔什
奥克拉德尼科夫
非洲

末次冰期的气候变动

冰河时代，气候较温暖的间冰期和气候寒冷的冰期交替出现。末次冰期发生在大约7万年—1万年前。根据下图我们可以看出气候是一点一点地发生变化的。

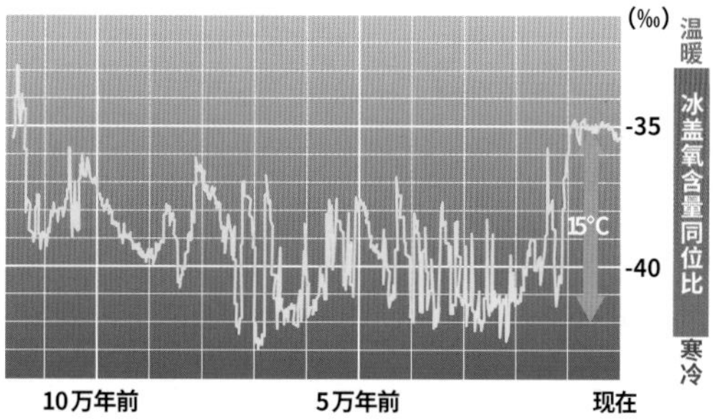
(‰)
温暖
冰盖氧含量同位比
-35
-40
15°C
寒冷
10万年前
5万年前
现在

他们还学会了用动物的毛皮缝制衣服。

然而，这个时期气候极其不稳定。气候在逐渐变冷的同时，长达数十年的时间里极端天气多发，气温忽高忽低。于是，温暖时期的森林在寒冷时期变成草原。当温度再次升高时，草原又变回森林。同时在此生活的动物因植被的变化体形样貌也发生了巨大的改变。这对于以狩猎为生的尼安德特人来说是关乎生死的变化。狩猎对象一个接一个地发生改变，导致其原本广泛使用的狩猎方法不再行得通。由于食物不足，人口逐渐减少。而且，当人口减少到种族已经无法延续下去时，又遭遇了极寒天气，最终难逃灭绝的厄运。

人类祖先得以生存的主要原因是什么？

那么，同样面临气候变动带来的巨大挑战的人类祖先是如何生存下来的呢？是什么造就了两种不同的命运，至今尚无定论。但有一种说法认为有可能是两者之间细微的能力和习惯差异导致的。

比如，生物学家在研究尼安德特人的化石时发现，无论男女，身上都有狩猎时受伤留下的骨折痕迹。据此可以推断他们是男女集体狩猎。而且，倾向于猎杀大角鹿和毛犀等大型动物。而现代人类祖先则确立了男女不同的分工。男性负责狩猎，女性负责采摘果实。同时，男性在狩猎时不仅限于大型动物，还会捕杀兔子这样的

尼安德特人的基因解析

德国马克斯·普朗克演化人类学研究所的斯万特·帕博小组从 3 名女性尼安德特人的化石中采集到 400 毫克碎骨。神奇的是这些碎骨中还保存着遗传基因信息。他们花费了 4 年时间再现了 6 成基因组序列。

尼安德特人的骨头
帕博小组用于基因解析的骨头。这块骨头化石发现于克罗地亚，属于距今约 3 万 8000 年的尼安德特人。

□ 智人与尼安德特人的交配

把尼安德特人的基因序列与世界各地的现代人基因序列对比后发现，欧洲人和亚洲人身上有着与其相同的基因片段。所以，这就证明智人走出非洲后来到中东并与尼安德特人交配繁育后代。

50 万年前	10 万年前—5 万年前	2 万 8000 年前

共同祖先　交配　中东　留在非洲的人类　走出非洲的人类　向欧洲、亚洲扩张　尼安德特人　✕ 灭绝

小动物。也就是说，现代人类具备确保食物源稳定的生活习性。

还有一种说法认为比起矮胖的尼安德特人，纤细苗条的智人行动更加灵活高效。这些平时看来非常细微的差异，在环境以数十年为单位发生剧烈变动，引起异常天气的过程中就变成了巨大的差异，致使他们一个生存下去，一个走向终结。

就这样，尼安德特人消失在了历史的

长河中。近年，生物学界公布了一个惊人的研究成果。在对 2010 年克罗地亚发现的尼安德特人化石进行 DNA 解析后发现，现生的非非洲系人类拥有 1% ～ 4% 的尼安德特人 DNA 片段。也就是说智人曾与尼安德特人交配[注1]繁殖过。这些 DNA 片段会带来怎样的影响尚不确定。但这群大约在 2 万 8000 年前灭亡的现代人类的邻居的的确确一直在我们人类社会中生存着。

科学笔记

【交配】 第117页 注1

当时，原本人口稀少的尼安德特人和智人接触的机会非常少，即便有交配行为也是极为罕见的。有一种观点认为，一种可以防御病毒感染的 STAT2 物质便是由尼安德特人遗传而来的，在击退病原体方面发挥着巨大作用。今后，随着研究的进一步推进，人类终将知晓尼安德特人的遗传基因到底会带来哪些影响。

假如 **如果尼安德特人生活在现代社会？**

德国的尼安德特人博物馆里展示的身着西服的尼安德特人模型

曾有人这样评价尼安德特人的容貌——如果他们穿上现代服装站在民族混杂的纽约，恐怕谁也不会留意到他们。确实，他们的容貌和我们相差甚微，两者之间的基因相似度高达 99.7%。矮胖的体型、大大的鼻子、隆起的额骨这些特征也只是个体之间的差异而已。

大型哺乳动物的灭绝

描绘动物的动机源于狩猎成功的祈愿，也源于一种精神寄托。

在全世界发展繁荣的大型哺乳动物逐渐消亡

现在，巨兽的栖息地仅限于非洲的热带草原地区。但冰河时代的地球并非如此。比巨角鹿和大地懒更庞大的动物在世界各地阔步而行。

洞窟壁画描绘人与巨兽和谐共生

西班牙的阿尔塔米拉洞窟，是1879年由考古学家马塞利诺·德桑图奥拉侯爵及次女玛丽亚发现的。洞窟壁画上描绘的动物栩栩如生，令人叹为观止。在考古学方面颇有造诣的侯爵断定其为旧石器时代的人类所作壁画。但当时的人并不认为存在如此古老的壁画。直到侯爵死后，到了20世纪初他的观点才被认可。

现在，在法国和西班牙的多地都发现了这样的壁画，仅在西班牙北部地区就超过100处。刻画在岩石表面的动物多种多样，如牛、马、狐狸等。并不常见的动物也非常多，如以猛犸象为代表，长着巨角的巨角鹿、猫科最大型的动物洞狮、毛犀等已灭绝的大型哺乳动物。这些过去人类曾亲眼见到过的巨兽为什么会灭绝呢？让我们把目光转向它们曾在世界各地构建起丰富生态系统的处于冰河时代末次冰期的地球，来一探究竟吧！

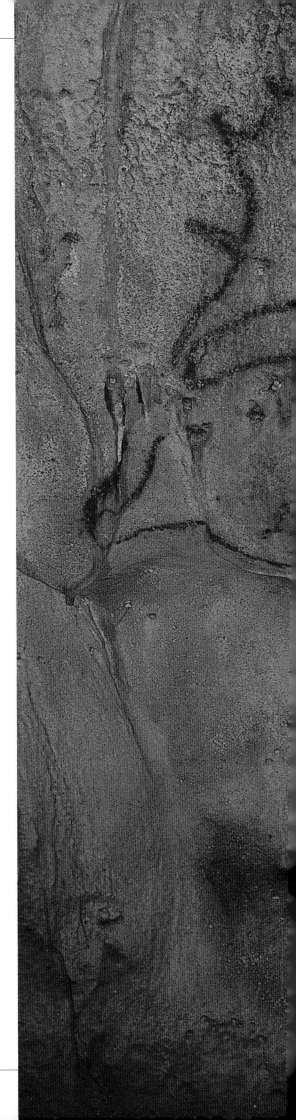

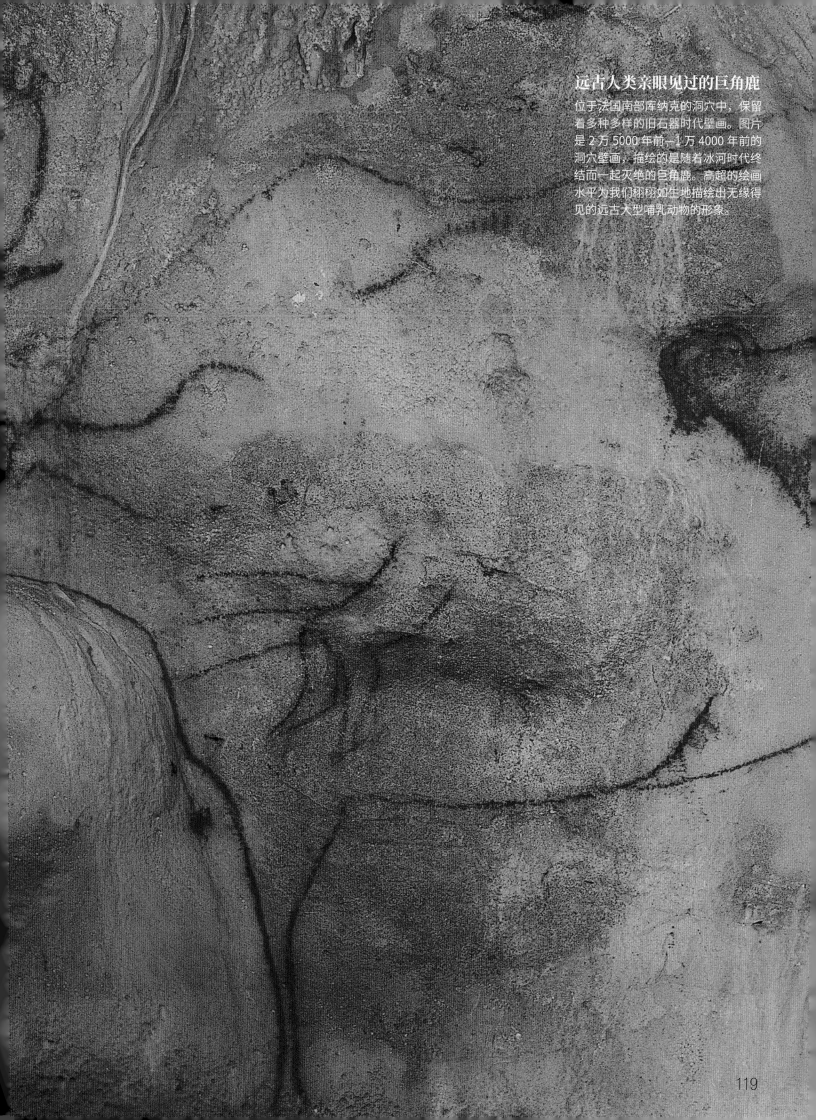

远古人类亲眼见过的巨角鹿

位于法国南部库纳克的洞穴中，保留着多种多样的旧石器时代壁画。图片是2万5000年前—1万4000年前的洞穴壁画，描绘的是随着冰河时代终结而一起灭绝的巨角鹿。高超的绘画水平为我们栩栩如生地描绘出无缘得见的远古大型哺乳动物的形象。

119

大型哺乳动物的灭绝

◻ 消失的巨兽

恐龙灭绝后又过了6000多万年，地球进入冰河时代。这个时期大型动物的发展极为繁盛。然而，大约1万年前，它们也消失在了历史的长河中，其中不乏一些广为人知的物种。

熊齿兽 | *Arctodus simus* |

目前已知的体形最大的熊，身长超过3米，体重可达1吨。它最显著的特征是拥有较长的四肢，使得它们行动敏捷，奔跑迅速。

毛犀 | *Coelodonta antiquitatis* |

头体长约4米，大小如同现在的最大型犀科哺乳动物白犀，体表披有御寒的长毛，额上和鼻上各长有一支犀角，生活在欧洲和亚洲的寒冷地区。

现在我们知道！

是人为猎杀的结果还是自然环境剧变导致的？

过去的10万年间，对拥有漫长历史的地球来说只是弹指一挥间，但对于大型哺乳动物来说，却是物种数量发生大动荡的时期。尽管非洲大陆上的大型哺乳动物仅灭绝了14%，但美洲大陆上76%、欧洲大陆上60%、澳大利亚大陆上86%的大型哺乳动物永远地消失了。显然是某个事件的发生导致了这个现象，但究竟是什么原因，专家们说法不一。下面，为大家介绍两种相对而言较有说服力的学说。

人类繁荣给动物带来不利影响？

美国亚利桑那州立大学的古生物学家保罗·马丁提出了"过度捕杀说"，即这个时期，走出非洲扩张至全世界的人类曾过度捕杀大型哺乳动物[注1]。确实，当时的智人使用尖头器[注2]，连猛犸象这样的庞然大物都能猎杀，捕猎其他动物就更容易了。并且与小动物相比，大型动物不仅数量少，而且孕期长（比如大象的孕期长达22个月），这导致它们繁衍的速度非常慢。

残留伤痕的猛犸象骨

右图为西伯利亚猛犸象遗迹中发现的猛犸象胸椎骨，图中黄色箭头标示处是被长矛刺穿过的痕迹，这证实当时的人类确实会猎杀猛犸象。但猎杀的频率及猎杀对猛犸象灭绝产生的影响我们无从得知。

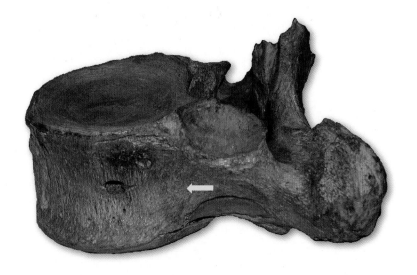

巨角鹿 | *Megaloceros giganteus* |

头体长约3米。最大的特征是长有直径约3.6米、重达45千克、长度超过头体长的巨角。它们是有史以来最大的一种鹿。巨角每年都会脱落，重新生长。

感觉是可以和恐龙匹敌的大型哺乳动物。

另外，非洲大陆上大型哺乳动物的灭绝率低，不曾有人类活动的地方动物灭绝率高的事实也为这一假说提供了有力支撑。这是因为非洲大陆上的动物与人类共同进化，掌握了躲避猎杀的防身技能。但在美洲大陆和澳大利亚大陆，对于动物来说人类是未知的存在，所以在极短的时间内就被人类捕杀殆尽。人类穿过白令陆桥到达美洲大陆的时间与

◉西伯利亚草原面积逐渐缩小

以1万年前（末次冰期结束）为界线，地球上生长的植被发生了巨大的改变，特别是猛犸象和毛犀生活的西伯利亚地区变化最为明显。这些变化给植食动物以及以植食动物为食的肉食动物带来了巨大影响。

6万年前—2万年前	现代
分布范围最广的是猛犸象草原。长毛象化石多发现于此。	现在西伯利亚已无草原的踪迹。北部地区是被称为冻土带的荒原，南部地区分布着针叶林。

凡例 ●灌木、草地 ●猛犸象草原 ●针叶林（中部泰加林）●落叶针叶林（南方泰加林）●针叶林（鱼鳞松）

凡例 ●冻土带 ●针叶林（泰加林）

美洲大陆上的大型哺乳动物灭绝的时间基本一致，这一历史事实也成为该假说的有力证据。

无法适应环境的剧烈变化？

还有另外一种假说认为剧烈的气候变化导致了大型哺乳动物的灭绝。

大型哺乳动物灭绝的时间集中在1万年前，正值末次冰期结束、地球气温上升的初期阶段，世界各地的植被因此发生了巨大变化。比如，西伯利亚一望无际的大草原消失，泰加林[注3]等针叶林面积扩大。在这种情况下，以草原禾本科植物为食的动物数量锐减，以此类动物为食的肉食动物数量也随之急剧减少。

最新研究结果表明，每次进入间冰期后长毛象的数量就会减少。这是因为耐寒的冰河时代动物无法适应温暖的气候。

但是，无论是"过度猎杀说"还是"气候变化说"都有存疑之处。当时，人类数量较少，猎杀动物直至其灭绝的说法不符合实际情况。而"气候变化说"中也有几处矛盾，比如末次冰期的结束到动物灭绝的时间极短，气候温暖地区的大型动物相继消亡，但小动物群体中几乎没有灭绝现象出现。那些冰河时代繁荣一时的巨兽到底为何会灭亡，这一疑问至今仍是地球生命史上的一大谜题。

科学笔记

【大型哺乳动物】 第120页注1
根据亚利桑那州立大学的古生物学家保罗·马丁的论文，体重44千克以上的成年个体即可定义为"大型哺乳动物"。末次冰期末，大型哺乳动物大量消亡。如果此时把条件限定为体重在1吨以上的成年个体，那么除了非洲和亚洲，地球其他大陆上的大型哺乳动物已经全部灭绝。

【尖头器】 第120页注2
具有尖头部的石器，多用于投枪的前端。据说尖头器的发明开始于30万年前。2012年加拿大多伦多大学的研究小组称他们在南非发现了大约50万年前的尖头器。如果情况属实，那将是已发现的最早的尖头器。

【泰加林】 第121页注3
指北方亚寒带针叶林，大量分布在西伯利亚、俄罗斯平原北部、北美亚寒带地区。原特指西伯利亚南部乌拉尔至鄂霍茨克海沿岸的森林地带。

导致巨兽灭绝的第三种假说？

观点 ⟳ 碰撞

"过度猎杀说"和"气候变化说"是占据主导地位的两种理论，但无论哪一种都有存疑之处，有学者把二者结合起来解释大型哺乳动物为何灭绝。另外，关于这个时期的大型哺乳动物灭绝是否都出于同种原因也仍有争议。以猛犸象为例，2010年出现了一种"病毒感染灭绝说"。生物学家从俄罗斯弗兰格尔岛的猛犸象骨头和牙齿中提取出线粒体DNA，经过解析后发现，猛犸象的灭绝非常迅速，可能是感染了某种未知的疾病。

横躺在弗兰格尔岛的河流中的猛犸象牙齿。随着积雪的融化被搬运到地表

致命刃齿虎
Smilodon fatalis

上下颌开合角度可达120°，犬齿长20厘米以上，捕猎时将长牙深深地刺入动物要害处，让其失血而死。它们是冰河时代肉食动物中的王者，但是由于前肢长后肢短，奔跑速度缓慢，因此很快被后起之秀美洲豹取代，最终销声匿迹。

分类	食肉目猫亚目猫科
生活年代	新近纪上新世晚期—更新世末
头体长	约2米

美洲大地懒
Megatherium americanum

最重达3吨的巨型地懒。勾爪强壮且锐利，用于挖掘地下植物根茎。达尔文在阿根廷发现了美洲大地懒的化石，化石与现生地懒之间巨大的身体构造差异为他的进化论学说带来了灵感。

分类	披毛目树懒亚目大地懒科
生活年代	更新世
头体长	约6米

北美大陆

大陆北部是1300万平方千米的冰川地貌。最大猛犸象哥伦比亚猛犸象、最大秃鹫畸鸟以及体形较大的恐狼皆在此繁衍生息。

南美大陆

智利南部和阿根廷南部被巨大的冰川覆盖，生活着一群特有的哺乳动物，比如状如犀牛的箭齿兽和披着甲壳的大犰狳。

近距直击

远古时代的巨兽能否复活？

与白垩纪时期灭绝的恐龙不同，更新世时期的动物化石都是被冰冻的遗骸。如今，科学家正在推进一项研究，即从冰冻遗骸中提取体细胞核，利用克隆技术让巨兽复活。其中包括日本近畿大学从1997年开始推行的猛犸象复活计划。将冷冻猛犸象的体细胞核植入现生象的卵子中，借用象的子宫孕育猛犸象。但是，很多学者对此保持怀疑态度，他们认为即便能够提取到体细胞核，提取出的数量也远达不到克隆实验的要求。

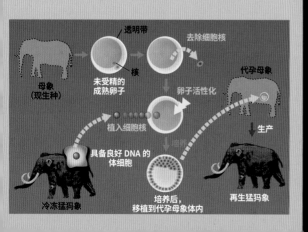

巨西瓦兽
Sivatherium giganteum

长颈鹿的近亲，脖子短、头上的角状如鹿角。现生长颈鹿为了食用高树上的叶子脖子逐渐变长，而巨西瓦兽因低头食用草原上的禾本科植物脖子发育得较短。未曾发现其化石，但根据洞穴壁画推测它们有可能一直生存到几千年前。

分类	偶蹄目反刍亚目长颈鹿科
生活年代	上新世早期—更新世晚期(?)
头体长	约3米

大型哺乳动物的灭绝

销声匿迹的更新世巨兽

洞熊
| *Ursus spelaeus* |

顾名思义，是一种生活在洞穴中的熊。亚种的体形有小有大。小型亚种多以植物为食，大型亚种多以肉为食。大型种身长可达3米，比现生棕熊还要大，是更新世时期最为恐怖的捕食者。

分类	食肉目犬形亚目熊科
生活年代	更新世
头体长	约3米

亚欧大陆

以北欧为中心冰川地貌广布，但内陆地区气候干燥，生长着一望无际的猛犸象草原，以猛犸象为首，毛犀等大型哺乳动物多生活于此。

非洲大陆

鬣狗和长颈鹿等多种多样的动物在此繁衍生息。与现在最大的区别是撒哈拉沙漠环境的不同，当时受冰河时代的影响，气候比现在湿润，热带稀树草原广布。

澳大利亚大陆

当时气候湿润，沙漠面积小，与新几内亚岛相连组成了一个巨大的大陆。这里生活着头体长1.6米的袋熊和大型肉食动物袋狮等多种有袋类动物。

大角鹿
| *Sinomegaceros yabei* |

更新世晚期生活在日本的固有种，具有代表性的日本古生物，由日本古生物学创始人、东北大学名誉教授矢部长克命名。模样类似于亚欧大陆上的巨角鹿，但其最大的特征是前后各长有形状复杂的角，且后角远比前角大。

分类	偶蹄目反刍亚目鹿科
生活年代	更新世晚期
头体长	约3米

巨型短面袋鼠
| *Procoptodon goliah* |

史上最大的袋鼠，生活在更新世时期的澳大利亚大陆上。现生最大袋鼠的身高是1.6米，而此种身高可达3米。与现生种相比吻部短，长有锋利钩爪的手指能够快速摘取头顶上方的树叶，与人类共存了数千年。

分类	有袋目袋鼠科
生活年代	更新世中晚期
头体长	约3米

约259万年前—1万年前，地球处于第四纪更新世。当这个时代落下帷幕时，以大型哺乳动物为主的200多种动物消失在了历史的长河中。更新世时期的地球受冰河时代寒冷气候的影响，海平面下降，陆地面积增加。此时的大陆板块结构与现在基本一致。但是生活在陆地上的动物种类却与现在大不相同。巨大的陆生树懒和犬齿极为发达的猫科动物等体形庞大、特征鲜明的大型动物极为繁荣。接下来，就让我们一起走进这个繁荣的世界吧！

地球博物志

远古的象类

| Ancient elephants |

不断大型化的哺乳动物

除南极大陆和澳大利亚大陆之外，在地球其他大陆上极为繁盛的象科（长鼻目）动物种类多达 180 种。其中有一些鼻子很短，有一些长着如同沙铲的下颚，还有一些体形非常矮小，各种象类个性突出，特点鲜明。

象的分类

乳齿象科

中新世至更新世时期，生活在非洲大陆、欧亚大陆以及北美大陆的象类，长有非常发达的臼齿，未曾迁徙到与北美大陆相连的南美大陆。

嵌齿象科

下含多个属，比如上下牙齿一样大的嵌齿象属、长有特殊牙齿的板齿象属等。

剑齿象科

象科的近亲，起源于中南半岛。在欧亚大陆、非洲大陆发现其化石，但未曾在美洲大陆发现化石。

象科

进化最为完善的象类。现生的非洲象和亚洲象以及长毛象都属于此科。在非洲大陆、亚欧大陆以及北美大陆都有化石发现。

【嵌齿象】

| Gomphotherium |

嵌齿象类的原始品种，也是最具代表性的一个种。四肢长、脖子短、鼻子长，已经具备象类动物的特征。与现生象不同，它们的上下颌都长着牙齿。中新世早期出现在非洲大陆，不久之后便扩张至欧洲。在日本也发现了嵌齿象化石。

数据

肩高	约3米	分布区域	非洲大陆、欧亚大陆、北美大陆
生活年代	中新世—上新世早期	分类	长鼻目嵌齿象科

近距直击

北海道的长毛象与诺氏古菱齿象

日本的长毛象和诺氏古菱齿象似乎是分栖的两种象。长毛象生活在约 4 万 5000 年前—2 万年前的北海道。其中，在大约 3 万 7000 年前—2 万 5000 年前的温暖期，猛犸象向北迁徙，最后在北海道消失了踪迹。而诺氏古菱齿象在大约 3 万年前从本州北上来到北海道并定居于此。

●诺氏古菱齿象化石发掘地
●长毛象化石发掘地

雨龙　涌别　根室海峡
栗山
忠类
襟裳
由仁
夕张

长毛象和诺氏古菱齿象的化石发掘地

【铲齿象】

| Platybelodon |

最大的特征是扁平如铲的下颚并因此得名。上颚的牙齿相对较小，下颚牙齿扁平且大，排列在一起，可以将水生植物连根铲起吃掉。属于嵌齿象科。

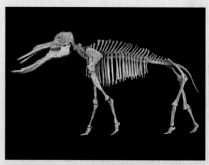

数据

肩高	约2米
生活年代	中新世
分布区域	非洲大陆、欧亚大陆、北美大陆
分类	长鼻目嵌齿象科铲齿象属

远古的象类

【美洲乳齿象】

Mammut americanum

全身长有长约30厘米的褐色体毛，与现生象一样，只有上颌长有一对长大卷曲的牙齿，生活在洼地针叶林地带，生存了约500万年，在象类中也算是长寿的品种。从胃的残留物分析得知，它们食用松科针叶及松果。

数据	
肩高	约3米
生活年代	上新世—更新世
分布区域	北美大陆
分类	长鼻目乳齿象科

【法氏古菱齿象】

Palaeoloxodon falconeri

肩高1米，属于小型象，高度仅到成年男性的腰部位置，曾在地中海岛屿上发现这种象的化石。它们的祖先体形庞大，但由于生活在岛屿环境中，生活条件和食物受限，体能消耗减少，身体逐渐向小型化发展。法氏古菱齿象是岛屿效应的典型代表。

数据	
肩高	约1米
生活年代	更新世晚期
分布区域	意大利的西西里岛等
分类	长鼻目象科

【曙光剑齿象】

Stegodon aurorae

一种日本特有的侏儒象，祖先是大约500万年前肩高达3.5米的大型师氏剑齿象，在日本封闭的岛屿环境中体形逐渐变小，这和法氏古菱齿象的情况如出一辙。其化石多产于西日本，在关东地区以北并无化石发现。

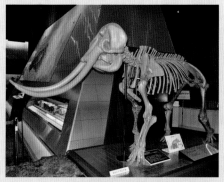

数据	
肩高	约2米
生活年代	更新世早中期
分布区域	日本
分类	长鼻目剑齿象科

【诺氏古菱齿象】

Palaeoloxodon naumanni

日本的代表性象种，与现生象非常相似，头部偏方正。随着气候的变化南北来回迁徙。广泛分布于日本各个地区。它的拉丁学名来源于明治时代来到日本的德国地质学家瑙曼。

杰出人物

德国地质学家
海因里希·埃德蒙·瑙曼
（1854—1927）

以他的姓氏为大象命名的日本地质学之父

明治时代，受政府雇佣来到日本的瑙曼创造了一番丰功伟绩。作为第一代地质学教授，他不仅培养出一批日本地质学专家，还建成了日本第一所研究机构——地质研究所。当时的日本地图只有江户时代伊藤忠敬所作、仅描绘出海岸线的轮廓图。瑙曼游历全日本，制作出用等高线标记的第一幅日本地质图。因其最先发表了关于诺氏古菱齿象化石的研究成果（发现于现在的神奈川县横须贺市），所以这种象的拉丁学名就用瑙曼的姓氏来命名。

数据		分布区域	日本、中国、朝鲜半岛
肩高	约3米	分类	长鼻目真象科
生活年代	更新世中晚期		

孕育濒危动物的北方摇篮

伍德布法罗国家公园

位于加拿大阿尔伯塔省，1983 年被列入《世界遗产名录》。

加拿大最大的国家公园——伍德布法罗国家公园是世界上最大的野牛栖息地。濒临灭绝的野牛在这个为其专门设立的家园内得以继续繁衍生息。同时，这里也是濒危动物美洲鹤唯一的繁殖地。

北部大地孕育的动物

森林野牛

北美大陆上曾经生活着 6000 万头野牛，由于人类的滥杀而数量骤减。现在，公园内大约生活着 5000 头野牛。

美洲黑熊

广泛分布于北美洲，是现存数量最多的熊。直立时最高可达 2 米，其大小虽不及棕熊，却是这个国家公园内体形最大的哺乳动物。

美洲鹤

身长约 130 厘米，外形与丹顶鹤较为相似。1940 年时只剩下 21 只，现在数量恢复到约 600只。一般在得克萨斯州过冬。

在世外桃源般的大自然里悠闲休憩的野牛群

这个于 1922 年设立，面积相当于半个北海道的公园，是内陆地带屈指可数的三角洲。旱季水分蒸发，草原上会出现大片盐田，这种保存完好的原生态自然环境是野生动物的王国。在这里，不时可以看到驼鹿、狼、加拿大猞猁、雷鸟、河狸等动物的身影。

127

宇宙中存在文明生物？

地外生物

人类自19世纪末起就开始幻想模样如章鱼一般的外星人，这么多年一直未曾停下探索外星生命的脚步。它们究竟在哪里？或许答案近在咫尺。

近年来，太阳系之外的行星不断被发现。或许在宇宙的某个地方存在着第二个地球。

人类第一次见到外星生命是在1877年。意大利米兰的天文台台长在观察火星时，发现了一幅用直线和圆等线条描绘的人工几何学图像。这个发现激发了人们的好奇心，火星上一定有生命的说法一时甚嚣尘上。以章鱼模样的外星人为题材的小说在全球范围内成为畅销书。

然而，由于未能在火星上检测到人工电波，火星人的话题热度逐渐下降。科学界对于外星生命的探索欲望也就此熄灭。直到1950年，建立了人类第一台可控核反应堆而闻名遐迩的物理学家恩里科·费米在与别人讨论飞碟及外星人问题时，突然冒出一句："他们都在哪儿呢？"关于外星人的话题再度被提起。

除了地球上的人类之外，宇宙中还有没有其他生命存在呢？或许他们已经来到地球，人类却没有发现？又或者他们一直存在，只是还没有来到地球上？

恩里科·费米（1901—1954）有一天在与别人讨论飞碟及外星人问题时，突然冒出一句："他们都在哪儿呢？"这句问话引出的科学论题，被称为"费米悖论"。他出生于意大利，1938年获得诺贝尔物理学奖。获奖之后不久便逃亡至美国

在那之后又过了10年，人类启动了"奥兹玛计划"，开始利用电波探测地球之外的文明生物，期望通过美国国家射电天文台的绿堤射电望远镜搜寻邻近太阳系的生物标志信号。但遗憾的是，至今都没有获得有价值的结果。现在，外星人与地球人之间的距离到底有多少远呢？

发现了适合人类生存的行星

说到适合生命生存的行星，最为人所知的大概就是木星的卫星木卫二。人类曾于20世纪70年代末和90年代晚期向木卫二发射过探测器，预想这里存在一片冰封的海洋。另外，1997年发射的土星探测器在其附近的土卫二上探测到了水粒子和喷发出来的甲烷。有水的地方就有可能存在生命。然而，向这些行星发射生命探测器花费巨大。

如果把目光转向整个银河系，仅恒

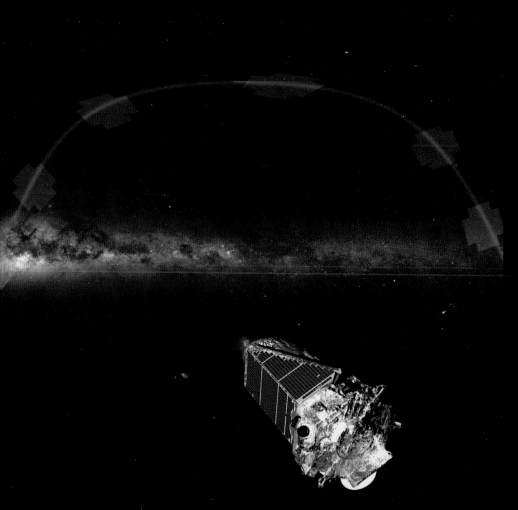

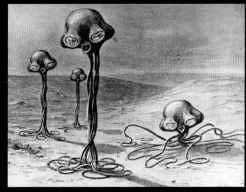

开普勒太空望远镜（Kepler Mission）是世界上首个用于探测太阳系外类地行星的飞行器，于 2009 年 3 月发射升空。2013 年 5 月，其反应轮发生重大故障，无法设定望远镜方向，正常的观测工作基本停止。2014 年 5 月利用太阳光子的压力作为"虚拟反应轮"继续执行探测任务

1898 年，英国著名作家 H.G. 威尔斯发表了一部科幻小说，从此外星人被定型为章鱼形象

星的数量就多达 1000 亿个，甚至达到 2000 亿～ 4000 亿。宜居带（一个恒星周围的一定距离范围）上的行星超过 1000 万个。难道就没有一个星球上有生命存在吗？

现在备受瞩目的是距离地球 493 光年，围绕恒星开普勒 186 公转的太阳系外行星——开普勒 -186f。其大小是地球的 1.1 倍，据推测同地球一样都是岩石行星。科学家称"开普勒 -186f 天空的亮度相当于地球上太阳即将落下时的亮度"。如果这种说法正确，那么这颗行星上究竟存在着什么样的生命？

地球是银河系中的动物园？

地外生命体探测计划统称为 SETI，前文所述的奥兹玛计划也是其中的一部分。这个项目的目的顾名思义就是探寻地外文明生物，利用电波望远镜接收地

外生命体发出的信号以及向太空发射信号。人类先后发射了旅行者号等恒星探测器。探测器上携带了表明地球文明、外貌、位置的金属板，同时还载有记录地球照片、声音和音乐的磁盘。

现在，距离地球最远的是 1977 年发射的旅行者 1 号探测器。它已经离开太阳系，到达太阳系外空旷的恒星际空间。地外生命体或许能够发现搭载地球文明的旅行者 1 号。

尽管人类已经努力长达半个世纪之久，但并没有发现地外生物的丝毫信息。它们为什么不跟我们人类联系呢？

关于这个疑问众说纷纭。其中最为奇特的是地球动物园说。这种观点认为地外生命体早在很久之前就来过地球。它们非常聪明，能够穿过遥远的宇宙星际来到地球，看到在地球上生存的低等生物——人类后暗中保护起来。人类像是动物园中被饲养的动物一般，被地外

生命体监护着成长。

物理学家弗里曼·戴森提出了一个更为大胆的想法。"宇宙中如果没有其他生命，那我们就自己创造生命。运用基因工程学创造行星生命并发送到行星上去。这样，人类的生存空间也就变大了。"

人类到底什么时候才能和地外生物相见呢？

2012 年 8 月，在火星着陆的好奇号探测器，长 3 米，重 900 千克。主要任务是采集火星上的土壤和岩石并做分析，探查火星上的环境是否适合生命体生存

Q 第四纪的开端？

A 中生代恐龙灭绝后的 6600 万年前，地球进入了新生代。新生代共分为 6600 万年前—2303 万年前的古近纪、2303 万年前—258 万 8000 年前的新近纪和 258 万 8000 年前至今的第四纪。而第四纪又分为大型哺乳动物繁荣发展的 258 万 8000 年前—1 万 1700 年前的更新世和从末次冰期结束的 1 万 1700 年前开始延续至今的全新世。对于第四纪开端的划定过程非常曲折。原本第四纪开始于人类出现的时间节点，大约是 160 万年前或 180 万 6000 年前。但随着研究工作不断进展，人类出现的时间越来越早，第四纪起始时间的认定也越来越混乱，甚至有人提出 21 世纪也应该属于新近纪。不过，第四纪被重新定义为"寒冷化和真正意义上的人类生存的时代"，气候明显变冷，南方古猿开始向人类进化的 258 万 8000 年前就是第四纪的开端。

Q 原宿发现诺氏古菱齿象化石？

A 更新世时期，诺氏古菱齿象生活在日本各地。所以，从北海道到九州的许多地方都发现了它的化石。最令人震惊的是，1971 年在东京都内也发现了化石。位于涩谷区原宿的千代田线地铁站施工时，从原宿站到神宫桥地下 21 米处，发现了一组从眼睛到鼻子都十分完整的象化石。迄今为止，在日本的大约 300 多处地方都发现了诺氏古菱齿象化石，发现整头象化石的地点除了原宿之外，还有东京都的日本桥滨町、千叶县的印西市、北海道的幕别町等。

位于东京上野的日本国立科学博物馆展示的原宿诺氏古菱齿象下颌。仅东京都内，就在滨松町、日本银行旧址、田端站等 20 多个地方发现了化石。说不定在日本人家里的宅院下就沉睡着诺氏古菱齿象的化石

Q 永冻土层中沉睡着远古病原体？

A 西伯利亚冻土带是猛犸象和毛犀等冰河时代大型哺乳动物化石的天然冷藏库。在这里，从冰雪覆盖下的地层中挖掘出了肌肉和内脏都保存完好的数万年前的动物遗骸，对古生物研究的进展起到了至关重要的作用。但是，在这里也挖掘出了其他不可思议的东西。2014 年 3 月，法国艾克斯 - 马赛大学的学者称，在西伯利亚 3 万年前的冻土中发现了不明病毒。从这个被命名为"阔口罐病毒"的巨型病毒中检测出了 500 组基因。（通常情况下，病毒中的基因组数非常少，HIV 病毒中也只有 9 组），这种病毒比一般病毒顽强得多，所以才能够在寒冷环境中存活下来。随着人类的挖掘及冰雪的融化，病毒有可能再次复活，并将给人类公共安全带来风险。但是，也有很多专家认为人类感染这种病毒的几率非常小。

Q 现代人类的另一个"邻居"是谁？

A 2008 年在西伯利亚南部阿尔泰山丹尼索瓦洞古遗址中发现了约 4 万年前的古人类化石，在对其 DNA 进行分析后发现，他们是从现代人类祖先中分离出来的古人，并且是与尼安德特人不同的另一种人。在此之前，古人类只有海德堡人和尼安德特人。丹尼索瓦人的发现让许多古人类学家为之震惊。现在，随着研究的深入，这个令人震惊的事实也逐渐变得清晰。智人与尼安德特人交配的事实基本已经得到确认。而迁徙到内陆地区的智人也与丹尼索瓦人进行杂交，随后向中国西藏、美拉尼西亚和东亚地区扩散。现在藏族人体内与新陈代谢相关的基因 EPAS1 发生了变异，促使藏族人适应高原地带的低氧环境。藏族人体内 EPAS1 基因的一部分与丹尼索瓦人的这一基因几乎完全相同。因此，研究人员认为藏族人的祖先有可能与丹尼索瓦人进行过交配，使得这一基因被遗传下来。

2011 年拍摄的丹尼索瓦洞穴中的考古场景。当时挖掘出了指骨碎片和臼齿等化石

　　这套书一言以蔽之就是"大"：开本大，拿在手里翻阅非常舒适；规模大，有 50 个循序渐进的专题，市面罕见；团队大，由数十位日本专家倾力编写，又有国内专家精心审定；容量大，无论是知识讲解还是图片组配，都呈海量倾注。更重要的是，它展现出的是一种开阔的大格局、大视野，能够打通过去、现在与未来，培养起孩子们对天地万物等量齐观的心胸。

　　面对这样卷帙浩繁的大型科普读物，读者也许一开始会望而生畏，但是如果打开它，读进去，就会发现它的亲切可爱之处。其中的一个个小版块饶有趣味，像《原理揭秘》对环境与生物形态的细致图解，《世界遗产长廊》展现的地球之美，《地球之谜》为读者留出的思考空间，《长知识！地球史问答》中偏重趣味性的小问答，都缓解了全书讲述漫长地球史的厚重感，增加了亲切的临场感，也能让读者感受到，自己不仅是被动的知识接受者，更可能成为知识的主动探索者。

　　在 46 亿年的地球史中，人类显得非常渺小，但是人类能够探索、认知到地球的演变历程，这就是超越其他生物的伟大了。

——清华大学附属中学校长

　　纵观整个人类发展史，科技创新始终是推动一个国家、一个民族不断向前发展的强大力量。中国是具有世界影响力的大国，正处在迈向科技强国的伟大历史征程当中，青少年作为科技创新的有生力量，其科学文化素养直接影响到祖国未来的发展方向，而科普类图书则是向他们传播科学知识、启蒙科学思想的一个重要渠道。

　　"46 亿年的奇迹：地球简史"丛书作为一套地球百科全书，涵盖了物理、化学、历史、生物等多个方面，图文并茂地讲述了宇宙大爆炸至今的地球演变全过程，通俗易懂，趣味十足，不仅有助于拓展广大青少年的视野，完善他们的思维模式，培养他们浓厚的科研兴趣，还有助于养成他们面对自然时的那颗敬畏之心，对他们的未来发展有积极的引导作用，是一套不可多得的科普通识读物。

——河北衡水中学校长

"46亿年的奇迹：地球简史"值得推荐给我国的少年儿童广泛阅读。近20年来，日本几乎一年出现一位诺贝尔奖获得者，引起世界各国的关注。人们发现，日本极其重视青少年科普教育，引导学生广泛阅读，培养思维习惯，激发兴趣。这是一套由日本科学家倾力编写的地球百科全书，使用了海量珍贵的精美图片，并加入了简明的故事性文字，循序渐进地呈现了地球46亿年的演变史。把科学严谨的知识学习植入一个个恰到好处的美妙场景中，是日本高水平科普读物的一大特点，这在这套丛书中体现得尤为鲜明。它能让学生从小对科学产生浓厚的兴趣，并养成探究问题的习惯，也能让青少年对我们赖以生存、生活的地球形成科学的认知。我国目前还没有如此系统性的地球史科普读物，人民文学出版社和上海九久读书人联合引进这套书，并邀请南京古生物博物馆馆长冯伟民先生及其团队审稿，借鉴日本已有的科学成果，是一种值得提倡的"拿来主义"。

——华中师范大学第一附属中学校长

周鹏程

　　青少年正处于想象力和认知力发展的重要阶段，具有极其旺盛的求知欲，对宇宙星球、自然万物、人类起源等都有一种天生的好奇心。市面上关于这方面的读物虽然很多，但在内容的系统性、完整性和科学性等方面往往做得不够。"46亿年的奇迹：地球简史"这套丛书图文并茂地详细讲述了宇宙大爆炸至今地球演变的全过程，系统展现了地球46亿年波澜壮阔的历史，可以充分满足孩子们强烈的求知欲。这套丛书值得公共图书馆、学校图书馆乃至普通家庭收藏。相信这一套独特的丛书可以对加强科普教育、夯实和提升我国青少年的科学人文素养起到积极作用。

——浙江省镇海中学校长

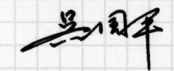

人类文明发展的历程总是闪耀着科学的光芒。科学，无时无刻不在影响并改变着我们的生活，而科学精神也成为"中国学生发展核心素养"之一。因此，在科学的世界里，满足孩子们强烈的求知欲望，引导他们的好奇心，进而培养他们的思维能力和探究意识，是十分必要的。

摆在大家眼前的是一套关于地球的百科全书。在书中，几十位知名科学家从物理、化学、历史、生物、地质等多个学科出发，向孩子们详细讲述了宇宙大爆炸至今地球46亿年波澜壮阔的历史，为孩子们解密科学谜题、介绍专业研究新成果，同时，海量珍贵精美的图片，将知识与美学完美结合。阅读本书，孩子们不仅可以轻松爱上科学，还能激活无穷的想象力。

总之，这是一套通俗易懂、妙趣横生、引人入胜而又让人受益无穷的科普通识读物。

——东北育才学校校长

读"46亿年的奇迹：地球简史"，知天下古往今来之科学脉络，激我拥抱世界之热情，养我求索之精神，蓄创新未来之智勇，成国家之栋梁。

——南京师范大学附属中学校长

我们从哪里来？我们是谁？我们要到哪里去？遥望宇宙深处，走向星辰大海，聆听150个故事，追寻46亿年的演变历程。带着好奇心，开始一段不可思议的探索之旅，重新思考人与自然、宇宙的关系，再次体悟人类的渺小与伟大。就像作家特德·姜所言："我所有的欲望和沉思，都是这个宇宙缓缓呼出的气流。"

——成都七中校长

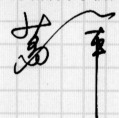

看到这套丛书的高清照片时，我内心激动不已，思绪倏然回到了小学课堂。那时老师一手拿着篮球，一手举着排球，比画着地球和月球的运转规律。当时的我费力地想象神秘的宇宙，思考地球悬浮其中，为何地球上的江河海水不会倾泻而空？那时的小脑瓜虽然困惑，却能想及宇宙，但因为想不明白，竟不了了之，最后更不知从何时起，还停止了对宇宙的遐想，现在想来，仍是惋惜。我认为，孩子们在脑洞大开、想象力丰富的关键时期，他们应当得到睿智头脑的引领，让天赋尽启。这套丛书，由日本知名科学家撰写，将地球46亿年的壮阔历史铺展开来，极大地拉伸了时空维度。对于爱幻想的孩子来说，阅读这套丛书将是一次提升思维、拓宽视野的绝佳机会。

——广州市执信中学校长

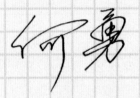

这是一套可作典藏的丛书：不是小说，却比小说更传奇；不是戏剧，却比戏剧更恢宏；不是诗歌，却有着任何诗歌都无法与之比拟的动人深情。它不仅仅是一套科普读物，还是一部创世史诗，以神奇的画面和精确的语言，直观地介绍了地球数十亿年以来所经过的轨迹。读者自始至终在体验大自然的奇迹，思索着陆地、海洋、森林、湖泊孕育生命的历程。推荐大家慢慢读来，应和着地球这个独一无二的蓝色星球所展现的历史，寻找自己与无数生命共享的时空家园与精神归属。

——复旦大学附属中学校长

地球是怎样诞生的，我们想过吗？如果我们调查物理系、地理系、天体物理系毕业的大学生，有多少人关心过这个问题？有多少人猜想过可能的答案？这种猜想和假说是怎样形成的？这一假说本质上是一种怎样的模型？这种模型是怎么建构起来的？证据是什么？是否存在其他的假说与模型？它们的证据是什么？哪种模型更可靠、更合理？不合理处是否可以修正、如何修正？用这种观念解释世界可以为我们带来哪些新的视角？月球有哪些资源可以开发？作为一个物理专业毕业、从事物理教育 30 年的老师，我被这套丛书深深吸引，一口气读完了 3 本样书。

学会用上面这种思维方式来认识世界与解释世界，是科学对我们的基本要求，也是科学教育的重要任务。然而，过于功利的各种应试训练却扭曲了我们的思考。坚持自己的独立思考，不人云亦云，是每个普通公民必须具备的科学素养。

从地球是如何形成的这一个点进行深入的思考，是一种令人痴迷的科学训练。当你读完全套书，经历 150 个节点训练，你已经可以形成科学思考的习惯，自觉地用模型、路径、证据、论证等术语思考世界，这样你就能成为一个会思考、爱思考的公民，而不会是一粒有知识无智慧的沙子！不论今后是否从事科学研究，作为一个公民，在接受过这样的学术熏陶后，你将更有可能打牢自己安身立命的科学基石！

——上海市曹杨第二中学校长

王洋

强烈推荐"46 亿年的奇迹：地球简史"丛书！

本套丛书跨越地球 46 亿年浩瀚时空，带领学习者进入神奇的、充满未知和想象的探索胜境，在宏大辽阔的自然演化史实中追根溯源。丛书内容既涵盖物理、化学、历史、生物、地质、天文等学科知识的发生、发展历程，又蕴含人类研究地球历史的基本方法、思维逻辑和假设推演。众多地球之谜、宇宙之谜的原理揭秘，刷新了我们对生命、自然和科学的理解，会让我们深刻地感受到历史的瞬息与永恒、人类的渺小与伟大。

——上海市七宝中学校长

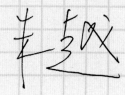

著作权合同登记号　图字01-2020-4514　01-2020-4518　01-2020-4513　01-2020-4515

图书在版编目（CIP）数据

显生宙. 新生代. 3 / 日本朝日新闻出版著；刘梅,
李佳莹, 杨梦琦译. -- 北京：人民文学出版社, 2021
（46亿年的奇迹：地球简史）
ISBN 978-7-02-016539-1

Ⅰ．①显… Ⅱ．①日… ②刘… ③李… ④杨… Ⅲ.
①新生代—普及读物 Ⅳ. ①P534.4-49

中国版本图书馆CIP数据核字(2020)第132936号

总　策　划　黄育海
责任编辑　甘　慧　颜颖颖
装帧设计　汪佳诗 钱　珺 李　佳 李苗苗

出版发行　人民文学出版社
社　　　址　北京市朝内大街166号
邮政编码　100705
网　　　址　http://www.rw-cn.com

印　　制　上海利丰雅高印刷有限公司
经　　销　全国新华书店等

字　　数　227千字
开　　本　965×1270毫米　1/16
印　　张　9
版　　次　2021年1月北京第1版
印　　次　2021年1月第1次印刷

书　　号　978-7-02-016539-1
定　　价　100.00元

如有印装质量问题, 请与本社图书销售中心调换。电话:010-65233595